U0250818

玩转微信6.0

周聪 王璨 章佳荣 编著

人 民 邮 电 出 版 社
北 京

图书在版编目（CIP）数据

玩转微信6.0 / 周聪，王璨，章佳荣编著. -- 北京：人民邮电出版社，2015.3（2017.8重印）
ISBN 978-7-115-38413-3

Ⅰ. ①玩… Ⅱ. ①周… ②王… ③章… Ⅲ. ①互联网络－软件工具－基本知识 Ⅳ. ①TP393.409

中国版本图书馆CIP数据核字(2015)第027938号

内 容 提 要

本书以循序渐进的方式，全面系统地介绍了微信 6.0 版本的安装、使用技巧、微信营销等内容。尤其是对 6.0 版本新增的支付功能、小视频、游戏中心及改版后的微信公众平台等的使用方法进行了详细的介绍。

全书共 15 章，分为 4 个部分：第一部分包括第 1 章～第 4 章，采用图文并茂的方式介绍微信的功能、安装及基本设置，让大家对微信的功能有一个整体的了解；第二部分包括第 5 章～第 11 章，详细、深入地介绍了微信的使用技巧，包括支付功能的使用、小视频功能的使用及游戏攻略等，让读者能够顺利玩转手中的微信 6.0；第三部分包括第 12 章～第 14 章，详细介绍了改版后的微信公众平台使用方法、微信营销策略及微信产品所遵循的开发哲学，主要是为商家和产品经理提供一个利用微信进行产品营销的思路；第四部分是第 15 章，举例说明了微信交友中实用的交友技巧以及交友中需要注意的安全知识，希望读者在成为微信达人的同时不忘保护自己的人身财产安全。

本书图文并茂、技巧丰富实用、操作标注清晰，适合广大微信普通用户，以及对微信推广与营销感兴趣的专业人员阅读。

◆ 编　　著　周　聪　王　璨　章佳荣
　责任编辑　陈冀康
　责任印制　张佳莹　焦志炜
◆ 人民邮电出版社出版发行　　北京市丰台区成寿寺路 11 号
　邮编　100164　　电子邮件　315@ptpress.com.cn
　网址　http://www.ptpress.com.cn
　北京鑫丰华彩印有限公司印刷
◆ 开本：880×1230　1/32
　印张：9
　字数：200 千字　　2015 年 3 月第 1 版
　印数：10 601-11 800 册　　2017 年 8 月北京第 7 次印刷

定价：39.00 元

读者服务热线：(010)81055410　印装质量热线：(010)81055316
反盗版热线：(010)81055315

前言

编写初衷

微信，是一种新的生活方式，是一款超过 3 亿人使用的手机应用。它于 2011 年 1 月 21 日由腾讯公司推出，能通过网络实现发送文字、语音、图片、视频等功能。它将传统的短信、彩信的模式转移到移动互联网平台并进行再创新，提供了一个更灵活、更智能的全新的沟通和传播信息的方式。在同年由《商业价值》杂志、极客公园联合举办的“中国互联网创新产品评选”中，微信获得了最佳人气奖。微信，它不仅仅是一款聊天软件，更是一种时尚，一种娱乐的新方式，一种产品营销的新手段。

微信从发布到注册用户数突破 3 亿，只用了 24 个月的时间。截至 2014 年 7 月底，微信月活跃用户数已接近 4 亿；微信公众帐号总数 580 万个，且每日新增 1.5 万个；接入 APP 总量达 67000 个，日均创建移动 APP 达 400 个；微信广告自助投放平台上已拥有超过 10000 家广告主，超过 1000 家流量主。微信版本也从 1.0 迅速发展到 6.0 版本，在最初的语音交流的基础上逐渐增加了群聊、陌生人交友、开放平台和公众平台等特色功能，从一款简单的沟通软件发展成为一个囊括了多种沟通渠道的移动平台，成为智能手机必备的软件之一。同时，微信在不断改变人们通过手机交流的方式的同时也为营销提供了可能的新途径，微博营销的成功先例，让人们对微信营销“寄予厚望”。微信公众平台的推出为这一愿望的实现提供了极大的可能性。

最新的微信 6.0 版本新增了小视频功能，对支付功能进行了升级，加强了支付的便捷性与安全性，同时，对游戏平台也进行了整合，推出了更多更好玩的游戏，用户体验也明显提高。本书是在《玩转微信 5.0》基础上升级正文版而成，借鉴了编写《玩转微信 5.0》时的经验及用户的反馈信息，以期为读者提供更好的阅读体验。

内容安排

全书共 15 章，分为 4 个部分：第一部分包括第 1 章 ~ 第 4 章，采用图文并茂的方式介绍微信的功能、安装及基本设置，让大家对微信的功能有一个整体的了解；第二部分包括第 5 章 ~ 第 11 章，该部分详细、深入地介绍了微信的使用技巧，包括支付功能的使用、小视频功能的使用及游戏攻略等，让读者能够顺利玩转手中的微信 6.0；第三部分包括第 12 章 ~ 第 14 章，该部分详细介绍了改版后的微信公众平台使用方法、微信营销策略及微信产品所遵循的开发哲学，主要是为商家和产品经理提供一个利用微信进行产品营销的思路；第四部分为第 15 章，举例说明了微信交友中实用的交友技巧以及交友中需要注意的安全知识，希望读者在成为微信达人的同时不忘保护自己的人身财产安全。

本书特点

（1）内容充实、技巧实用：本书以微信 6.0 版本为对象，涵盖了 6.0 版本新增内容、微信基础操作及实用技巧，同时介绍了微信公众平台及微信营销，内容丰富充实，让读者可以从书中学到感兴趣的内容，发现你不知道的微信功能。

（2）循序渐进，层次合理：本书根据读者的需求进行了合理的划分，内容循序渐进具有层次感，让不同需求的读者都能从书中找到有用的知识。

（3）图文并茂，简单易学：在软件的具体操作过程中，我们避免了大量冗繁的文字叙述，通过大量的详细操作截图来展示具体应用，并对关键步骤进行详细的标注，光看图也能迅速掌握操作技巧，减轻读者的阅读负担、提高读者的阅读兴趣。

本书主要由王璨、周聪和章佳荣编写。在编写本书期间，得到业内多方的帮助与支持，在这里向给予本书无私帮助的同仁和朋友表达最真诚的感谢，特别感谢张铮先生，在策划与编著期间提供了大力帮助，促成本书顺利成稿。

尽管本书编者尽了最大努力，但仍难免会有不尽如人意之处，谨请广大读者提出宝贵意见和建议，欢迎通过下面的方式与我们联系。

微信公众平台：acekiwi

新浪微博：@ITSafe_Jack

个人微信号：congcongyixiao

编者

2014 年 11 月

作者简介

周聪，1982 年生，新媒体微信营销教练、清华大学特色讲师、北京大学特聘导师、贵友网 CEO。自 2003 年进入互联网行业，在互联网行业已从业 10 余年。2005 年先后就职于视频网站、悠视网等行业网站；2008 年在新浪乐居房产任设计 leader 职务；2009 年开始创业，曾经投资过游戏公司，创建过第三代社交网站；2012 年正式转型从事新媒体教育工作，主讲微信营销。2012 ~ 2014 年走遍大江南北，获得无数好评！清华大学，北京大学先后聘请演讲。周聪本人实战派出身，擅长将互联网思维与新媒体文化精神巧妙结合。于 2014 年初撰写第一本国内可升级，互动社区，多媒体演示的畅销电子书《新媒体微信营销》。

微信号：congcongyixiao

目录

第 1 章 邂逅微信

今天，你微信了吗？

相忘的江湖里。

是谁抛下的漂流瓶？

我小心翼翼地捞起。

又悄悄扔回大海。

这是网友“诗歌学院二年级”发表于《诗歌报》论坛的题为《今天，你微信了吗？》的诗中的一段，描述的正是网络新宠“微信”带给人们的新玩法。

微信，堪称中国近年来最火热的移动互联网应用，它的蹿红速度甚至超过新浪微博，业内已公认其为中国移动互联网领域最成功的产品之一。

腾讯 CEO 马化腾在第四届中英互联网圆桌会议上曾表示“创新就是对用户体验的极致追求，这种开放的眼光与创新的精神是将微信引领至今并获得成功的根本。”

微信到底有哪些创新呢？本章将为您揭开她神秘的面纱，带领读者了解微信有趣、丰富的新玩法。

1.1 神马是微信

近年来移动互联网领域发展迅速，智能手机迅速普及，手机上网不再是“鸡肋”，全民互动的移动互联网时代已经到来。在这样的大背景下，一款基于移动互联网的手机软件诞生了，它就是微信。

本节将对微信的基本功能稍做介绍，让读者一窥微信的芳容。

1.1.1 认识微信

微信，英文名 WeChat，微信徽标（logo）如图 1.1 所示。

图 1.1 微信徽标（logo）

简单地说，微信是一款主要基于手机的多功能新型移动通信工具，具有便捷性、及时性和有趣性等特点。微信于 2011 年 1 月 21 日由腾讯公司推出，经过不断更新，于 2014 年 9 月发布了最新版本 6.0。用户可以通过微信以文字短信、语音短信、视频短信、实时视频、图片等与其他微信用户或者 QQ 用户进行交流。在微信 6.0 中，新增了微信小视频功能，可以在聊天或朋友圈拍摄一段小视频，让朋友们看见你眼前的世界；还有微信卡包，你可以把优惠券、会员卡、机票、电影票等放到微信卡包里，方便使用，还可以赠送给朋友。除此之外，微信的游戏中心也进行了全新改版……

1.1.2 微信的发展历程

微信产品于2010年10月20日立项，2011年1月21日软件的1.0版本发布。自发布后，借助QQ用户数量的优势，微信的用户数量在短时间内就得到了急剧地增加。2012年3月29日，随着腾讯CEO马化腾的一条微博“终于，突破一亿！”，标志着微信的发展已经进入“亿”时代；2012年9月17日，腾讯微信团队发布消息称，微信用户数突破2亿；2013年1月15日，微信用户突破3亿；2014年6月底，微信用户已经突破4亿。

从发布到突破3亿，微信平均每天的用户增长量约40万，如此快速的增长，足可以印证微信产品的成功。

支撑微信用户快速增长的因素中，除了庞大的QQ用户数外，最重要的是微信团队惊人的开发速度，微信产品以平均每3个月发布两个版本的速度持续更新并推出新的功能。

虽然微信从出生就有腾讯强大的渠道能力、规模庞大的QQ用户和优秀的开发团队作支撑，但不可否认的是，微信产品的发展经历了从模仿到创新，从量变到质变的过程，达到让后来者不能望其项背，难以超越的高度，造就了移动互联网领域的产品神话。

图1.2主要展示了目前为止微信产品的发展脉络，为便于比较，图中也列出了与微信具有类似功能定位的一些国内外其他产品的情况。

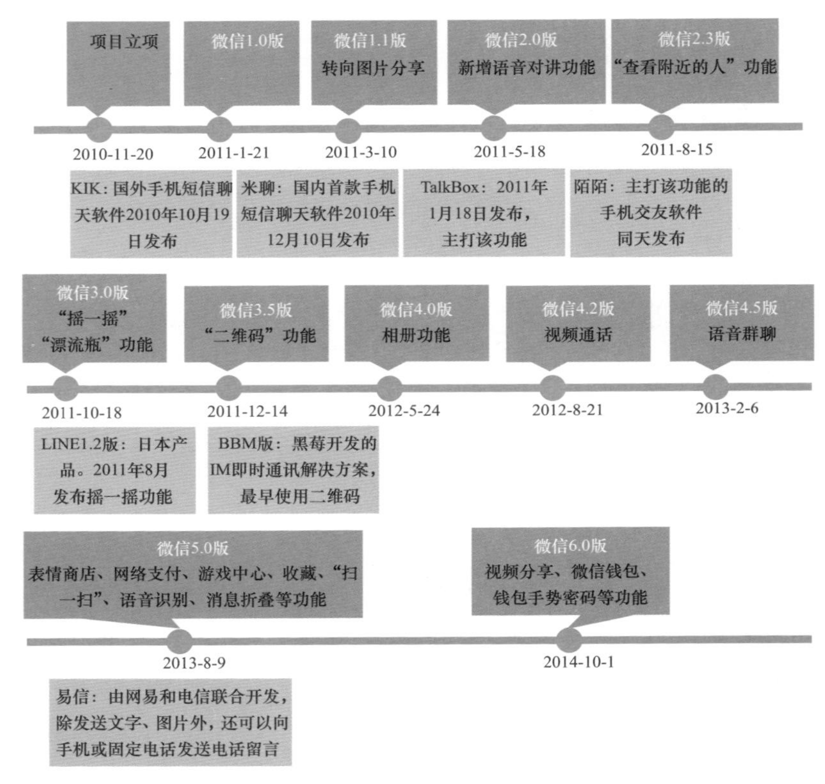

图 1.2　微信产品发展脉络及其他相似网络聊天软件

1.2　微信初体验

本节主要向大家简要介绍一下微信的一些富有特色的功能，让读者初步体验微信的魅力所在。

1.2.1 “对讲机”功能

当同学或朋友聚会需要商定时间和地点，抑或是临时组建的车队需要结伴远行，此时如果能给团队成员配备对讲机则能极大的提高组织的效率，但是若非经常性的活动，配备专业的对讲机又略显浪费，微信就成为一个非常优秀的替代品。

和一般的对讲机相比，微信对讲机还有如下一些特点：

- 不受距离限制，只要手机网络覆盖的地方都可以使用“对讲”功能。
- 使用方便，只需给手机安装微信软件，手机即可当对讲机使用。
- 费用极低，用户只许支付通信产生的流量费用，而经过压缩处理的流量产生很低，如果你身边有无线网络，那么恭喜你，连流量费用都可以省了。
- 不受移动速度限制，普通对讲机在高速公路上显得相形见绌，而微信更稳定。

图 1.3 展示了多人“群聊”时的对讲界面。微信对讲功能的更新变化主要发生在微信 2.0 及微信 4.5 两个版本。微信 2.0 推出语音对讲功能，且支持多人聊天，但使用后用户体验还是不尽人意，不能像真实的对讲机那样实时讲话。

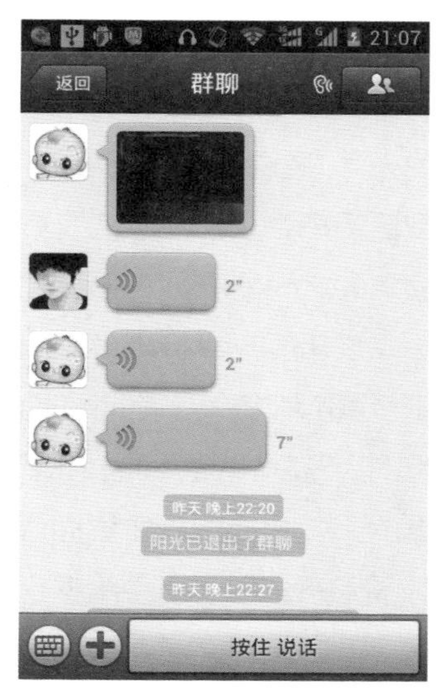

图 1.3 “群聊”对讲界面

在微信 4.5 推出语音实时聊天后，微信对讲功能就在真正意义上使手机成为对讲机，可以代替对讲机的基本功能。并且用户还可以使用微信实时多人对讲功能建立聊天社区，一起聊天，一起听歌或者一起学习，图 1.4 展示了多人实时语音聊天的界面。

图 1.4 实时语音聊天

1.2.2 查看附近的人

自微信 2.3 版本后，新增一个非常有用有趣的功能就是“附近的人”，通过这一功能，用户可以看到距离自己 1000 米之内的其他微信用户。该功能拉近了微信用户之间的距离，使交流不仅仅局限在熟人之间，也可以让陌生人互相认识。

该功能一经推出就吸引了大量的用户，包括一些需要 LBS（基于位置的服务）营销的商家。切换到微信中的“发现”页面，点击“附近的人”就可以根据位置来查找附近的微信好友了。图 1.5 展示了“附近的人”功能的操作界面。这里需要指出的是，如果你的手机没有打开 GPS，则手机会根据运营商基站的位置进行定位，这样的定位精度不如 GPS 的精度高。

图 1.5 微信“附近的人”功能

1.2.3 摇一摇

微信“摇一摇”是微信推出的一个随机交友应用，是微信的又一大特色功能。用户通过摇动手机，可以找到其他也在同一时间内（3 秒内）摇动手机的微信用户。“摇一摇”功能在许多场合都能派上用场，比如在朋友聚会上，大家都同时摇动自己的手机，就能在微信里互相加对方为好友。图 1.6 展示了微信摇一摇功能的操作界面。

在摇一摇找朋友这一功能获得极大的成功后，基于这一操作，微信又新增了摇一摇传图，摇一摇搜歌等功能。

如图 1.7、图 1.8 分别是微信摇一摇传图和摇一摇搜歌的使用界面。

图 1.6 微信“摇一摇”功能

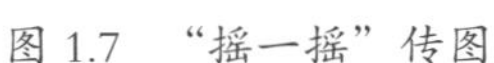
图 1.7 “摇一摇”传图

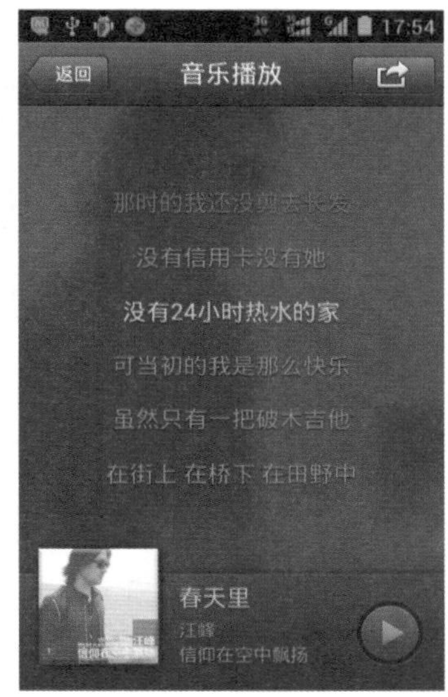

图 1.8 “摇一摇”搜歌

1.2.4 漂流瓶

漂流瓶是航海时代人类跨文化交流的象征符号，人们将漂流瓶投向大海，飘向远处被其他人捡到，充满了未知的神秘气息。如今，这种古老的交流方式也被搬到了网络交流上，通过微信“漂流瓶”功能，用户可以将自己想说的话以文字或者语音的形式装进漂流瓶里投向“网络的大海”，然后被其他微信用户捡到。当然用户也可以自由捡取网络里漂流的瓶子并做出回应。

微信将漂流瓶带到了移动网络的海洋，并迅速吸引了海量的用户，因为该功能给用户提供了倾诉自己内心或者聆听他人内心的需求窗口，当然也给一些商家用户提供了一种新颖的网络推广方式。图 1.9 展示的则是漂流瓶的使用界面。

图 1.9　微信“漂流瓶”

1.2.5　小视频

微信 6.0 新增了小视频功能，你可以拍摄一段 6 秒钟的视频发送给你的朋友，或者分享到朋友圈，如图 1.10 所示。

图 1.10　微信小视频

1.3 我适合用微信吗

1.3.1 微信支持的手机

要想玩转微信，用户需要有一台可以自由安装手机软件的智能手机。市面上不同的智能手机所使用的操作系统是不一样的，比如苹果的 iPhone 使用的是 iOS 操作系统，三星等手机使用 Android 操作系统，诺基亚 N8 等机型使用 Symbian 系统，黑莓手机使用 BlackBerry OS 系统。另外还有一些手机使用 Windows Phone、Maemo、MeeGo 等操作系统。

微信 6.0 支持 iOS 系统、Android 系统，Symbian 系统、Windows Phone 系统、BlackBerry 系统。所以，只要你带一部带有以上操作系统的智能手机，那么你就可以使用微信啦。

1.3.2 微信需要花多少钱

微信本身是一款免费的手机软件，安装及使用均不需要支付任何信息费用，但是微信使用时会产生手机数据流量，而网络运营商（中国移动、中国电信、中国联通）会对这些流量收取一定的费用。不过各网络运营商都会提供一些优惠的上网套餐，用户可以根据需求选用。当然，如果你能够接入无线局域网，那么你就可以避免由于手机数据流量而产生费用了。

微信是目前为止最节省流量的手机聊天软件，表格 1.1 列出了微信交流中消耗流量的情况。

表 1.1　　　　　　　　微信流量消耗统计

微信各类型消息流量产生表	
语音流量	0.9-1.2KB/ 秒
文字流量	1MB 可发约 1000 条文字消息
图片流量	根据原图质量压缩至 50-200KB/ 张
视频流量	根据原视频质量压缩 1.2-1.8MB/ 分钟
上传通讯录	2KB/100 人
查看 QQ 好友	根据对方的个人信息完整程度决定，下载后会缓存
查看通讯录好友	
查看附近的人	
图片缩略图、视频缩略图	3-5KB/ 张

此外，如果微信一直在后台运行，还会每月产生约 1.7MB 的流量，但只要选择合适的套餐，微信所产生的流量是非常少的。

微信提供的“流量统计”功能可以让用户随时查看使用微信所产生的流量，在微信主界面依次点击“我→设置→通用→流量统计”即可，如图 1.11 所示。

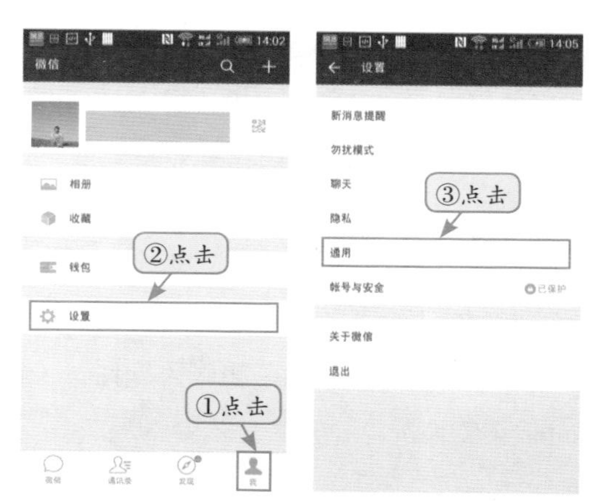

图 1.11　打开微信 6.0 的“流量统计”

图 1.12 显示了最近 15 天内系统和微信软件的移动网络和 Wi-Fi 上的流量使用情况。

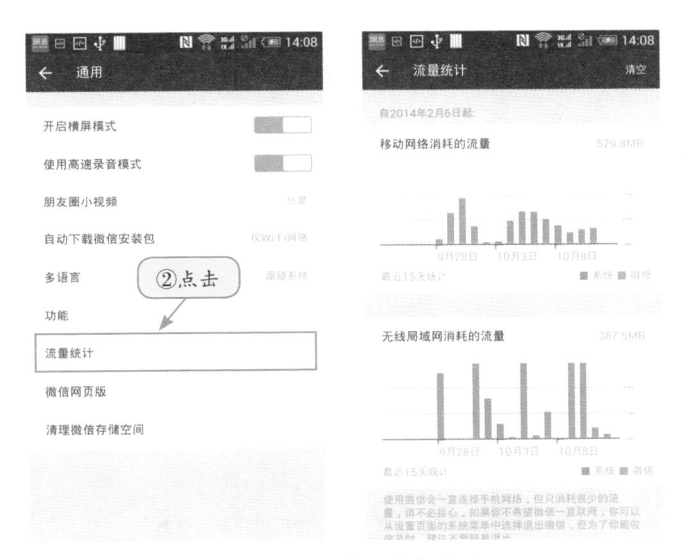

图 1.12 “流量统计”界面

1.3.3 哪些人在使用微信

在微信刚刚发布不久，用户数还在 5000 万左右时，微信团队公布的官方数据显示，在 5000 万的用户中有活跃用户 2000 万，而 25 ~ 30 岁的用户超过 50%，且这些用户主要分布在一线大城市，最多的用户是职业白领。但随着微信用户数量的膨胀，用户范围也急剧扩大。

2012 年底微信用户突破 2 亿时腾讯官方公布的微信用户属性数据显示，2 亿用户中 20 ~ 30 岁的青年占了 74%，男性则占用户总数的 63%。从职业分布来看，大学生占了 64%，其次是 IT 行业人士和白领，这三类人占了微信用户数的 90%，图 1.13 显示了微信用户群的分布。随着微信功能的越来越完善和智能手机的普及，微信的用户人群也越来越广泛，并且分布于各个年龄阶层和各个行业。

截至 2014 年 7 月底，微信月活跃用户数已接近 4 亿；微信公众帐号总数 580 万个，且每日新增 1.5 万个；接入 APP 总量达 67000 个，日均创建移动 APP 达 400 个；微信广告自助投放平台上已拥有超过 10000 家广告主，超过 1000 家流量主。

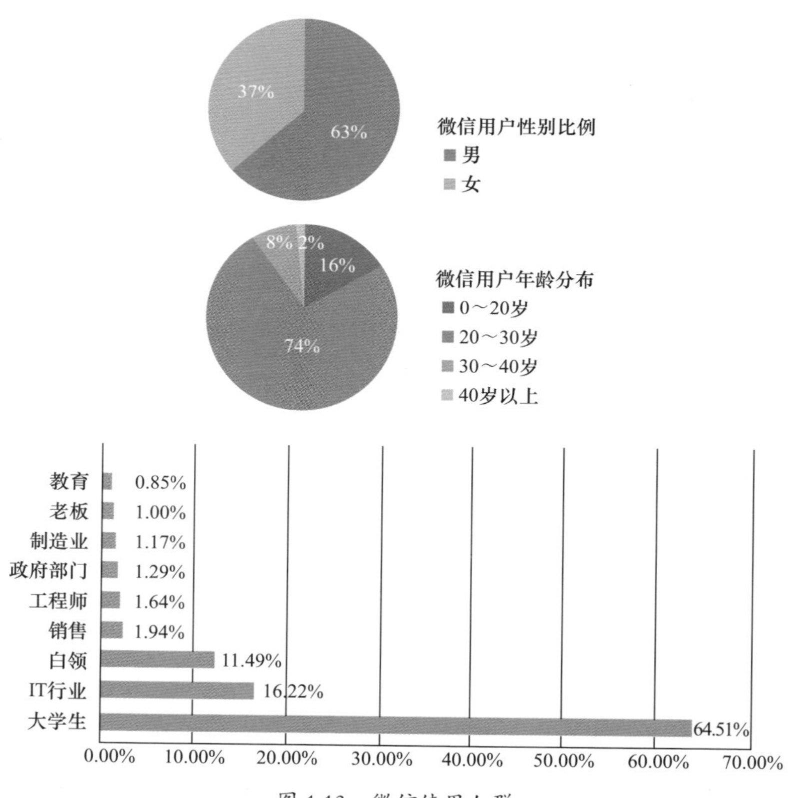

图 1.13 微信使用人群

第2章 新功能

随着 3G 网络和智能手机的普及，微信自发布以来受到越来越多人的青睐，微信制作团队也不负众望，开发出功能越来越丰富的微信版本。在这一章中，给大家详细介绍一下微信 6.0 版本新增的主要功能，同时也将在其他章节中给大家穿插介绍 6.0 版本其他新增功能。

2.1 微信小视频

小视频是微信 6.0 新增的一个特色功能，可以在聊天时或朋友圈拍摄一段小视频，让朋友们看见你眼前的世界，如图 2.1 所示。关于微信小视频的具体使用方法，请参考第 6 章相关内容。

图 2.1 微信小视频功能

2.2 微信卡包

微信 5.0 新增了一键支付功能，可以通过微信进行购物与支付。微信 6.0 对支付功能进行了增强与完善，推出了微信卡包。通过微信卡包，你可以把优惠券、会员卡、机票、电影票等放到微信卡包里，方便使用，还可以赠送给朋友，如图 2.2 所示。关于微信的支付功能，将在第 7 章中给大家详细介绍。

图 2.2 微信卡包

为了提高支付功能的安全性，在微信 6.0 中增加了手势密码功能，现在可以给微信卡包设置手势密码了，如图 2.3 所示。

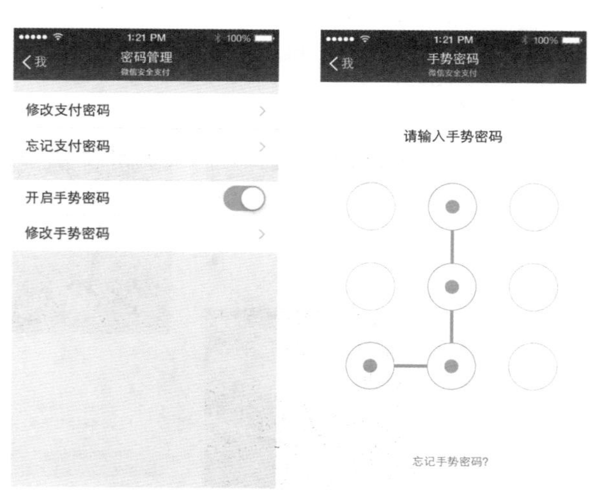

图 2.3 微信卡包手势密码

2.3 游戏中心全新改版

在微信 5.0 版本中，增加了微信的游戏功能。为了更好的提高用户体验，微信 6.0 对微信的游戏中心进行了全新改版，全新的界面，并且有更多的游戏内容，如图 2.4 所示。关于微信游戏的相关内容，将在第 8 章中给大家详细介绍。

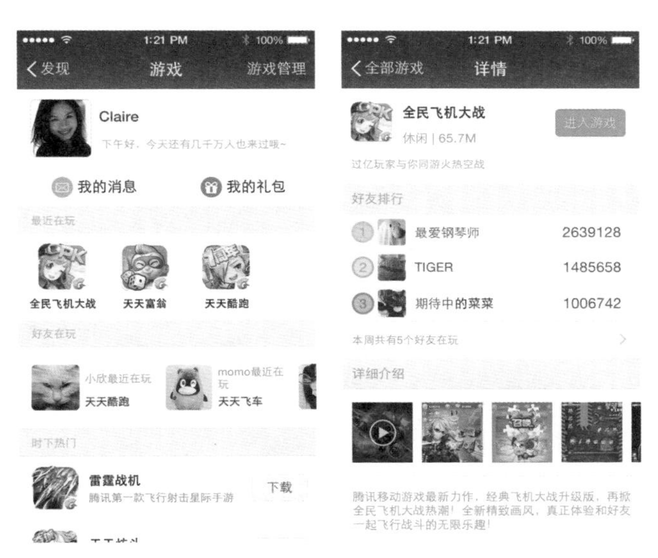

图 2.4　微信游戏中心

2.4 微信连 WiFi

微信在公众平台中低调推出一项“微信连 Wi-Fi”的新功能，正在进行内测阶段。通过“微信连 Wi-Fi”功能，用户能接入店内 Wi-Fi 享受免费上网，并实现与商家联系等功能。而商家则可以在微信后台看到多种数据，包括到客量、日访问量、用户增长量等。而该功能适用于多种场景，包括商圈、酒店、医院、餐饮等，这与“摇一摇”功能相若。“微信连 Wi-Fi”将为商户的线下场所提供一套完整和便捷的 Wi-Fi 连接方案；同时通过微信生态链和开放平台体系，商户能够更好地触及线下用户；并能通过 WiFi 近场服务能力，打通线上和线下的闭环，提高商户的经营效率。

微信连 WiFi 功能如图 2.5 所示，申请的条件是必须开通微信认证。关于微信认证的部分，在第 13 章中进行了详细的介绍。

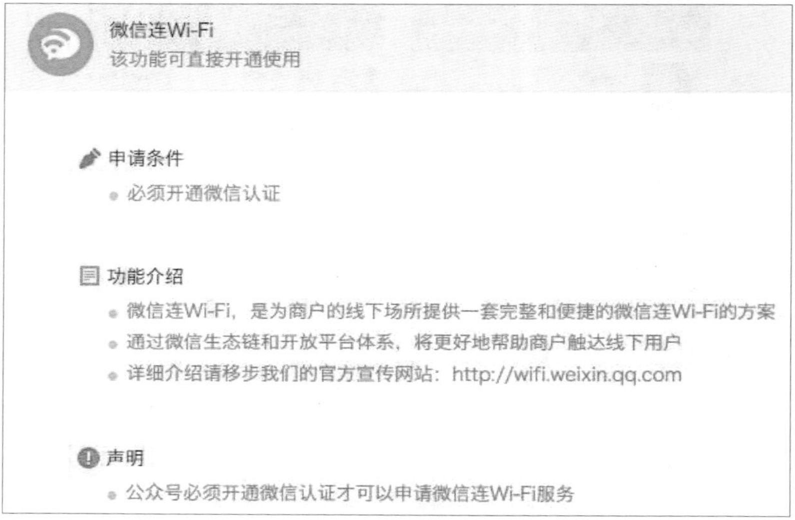

图 2.5 微信连 WiFi 功能

第 3 章 安装微信

在前两章中我们已经揭开了微信那神秘的面纱，面对这丰富多彩的功能，你是不是已经想跃跃欲试了呢？这一章将为大家详细介绍微信的安装、注册等一系列基础操作，为尽情地玩转微信做好准备。

3.1 使用 360 手机助手安装微信

微信 6.0 支持目前市场上主流的智能系统如 iOS、Android、Windows Phone、Blackberry、Symbian 等。这里主要以 Android 平台微信的安装方法为例进行介绍。在智能手机上安装软件一般都会借助手机管理软件，目前比较常用的软件如 360 手机助手、豌豆夹等。下面以 360 手机助手为例介绍如何进行微信的安装。

3.1.1 安装 360 手机助手

360 手机助手——是 Android 智能手机的资源获取平台。提供海量的游戏、软件、音乐、小说、视频、图片，通过它轻松下载、安装、管理手机资源。在浏览器网址中输入 http://www.360.cn/shoujizhushou/index.html，打开 360 手机助手的下载页面，点击“免费下载”，如图 3.1 所示。下载完成后将它安装到电脑上。

图 3.1 下载 360 手机助手

安装完成后点击图标打开 360 手机助手软件，然后通过 USB 线连接手机到电脑。首次连接手机时，软件会自动连网搜索驱动并安装，驱动安装完成之后就可以正常使用软件了，如图 3.2 所示。

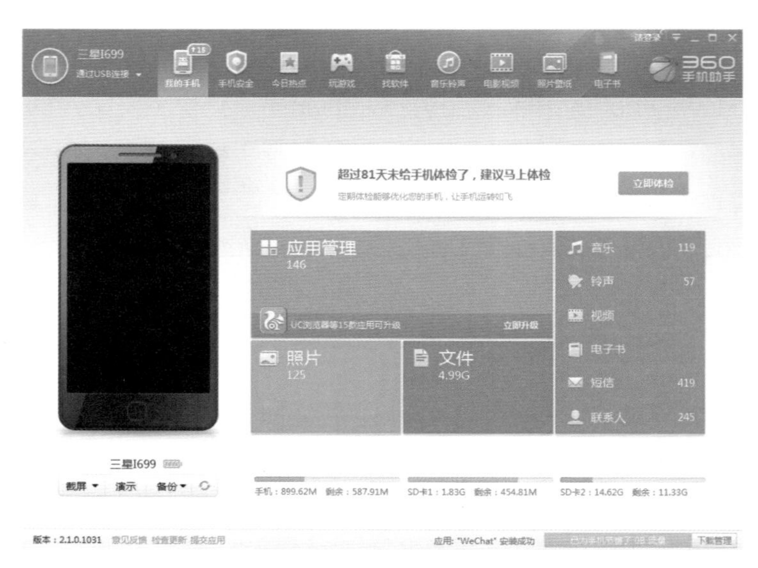

图 3.2 360 手机助手主界面

3.1.2 搜索微信并安装

点击图 3.2 中的“应用管理”，进入图 3.3 所示的界面，点击“找软件”。

图 3.3 360 手机助手应用程序界面

进入“找软件”界面后，在搜索栏中输入“微信”，然后点击“软件搜索”进行软件搜索。搜索完成后点击“一键安装”即可将微信安装到手机上（见图 3.4）。

图 3.4 搜索微信

点击微信图标，即可打开如图 3.5 所示的微信介绍页面。

图 3.5　查看微信介绍

3.2　通过网页下载安装微信

3.2.1　下载微信

在浏览器网址中输入 http://weixin.qq.com/，点击“免费下载”，如图 3.6 所示。

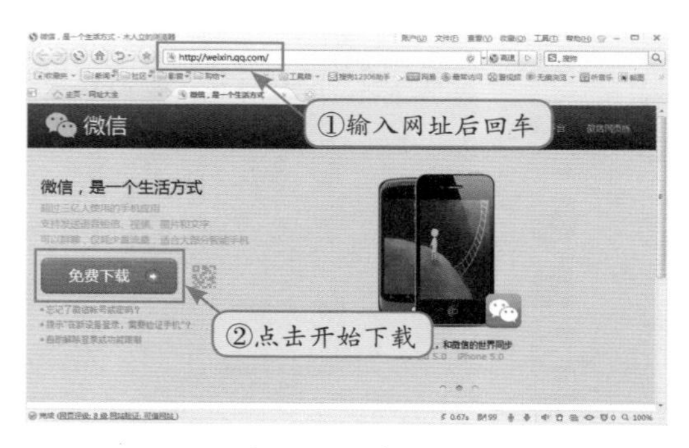

图 3.6　下载微信

在弹出的窗口中选择安卓系统，如图 3.7 所示。此时会弹出“文件下载确认框”，如图 3.8 所示，单击“下载”。

图 3.7 选择安卓系统进行下载

图 3.8 保存下载的文件

如果没有浏览器长时间没有响应，可以手动点击进行下载，如图 3.9 所示。

图 3.9 手动点击开始下载微信

3.2.2 安装微信

找到刚才下载的微信 APP，点击如图 3.10 所示的图标。

由于安装了 360 手机助手，点击微信 APP 图标后，会弹出图 3.11 所示的安装提示界面，点击“开始安装”就可以直接将微信软件安装到手机中了。

图 3.10 微信 APP 图标 图 3.11 点击微信 APP 图标后直接开始安装软件

3.3 注册微信

点击手机上的微信图标，打开微信客户端，首先出现的是一个欢迎界面，如图 3.12 所示。

图 3.12 点击“微信”图标打开微信客户端

打开微信客户端后，选择“注册”打开微信注册界面，使用微信 6.0 版本时，注册需要使用手机号，如图 3.13 所示。

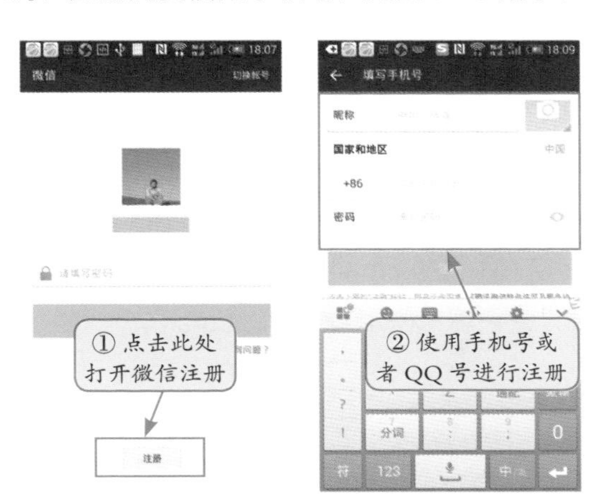

图 3.13 微信注册

3.4 登录微信

微信注册成功后，就可以登录了。在登录微信时，可以选择手机号登录，也可以选择用 QQ 号或者 Email 帐号进行登录，如图 3.14 所示。

图 3.14 微信登录

微信和 QQ 都是腾讯旗下的产品，在微信 5.0 版本以前，可以用 QQ 号直接登录微信，但 5.0 版本以后，如果你的 QQ 号以前没有登录过微信，或者没有绑定 QQ 号，那么就不能直接通过 QQ 号登录微信。微信绑定 QQ 号和 Email 帐号的方法，请参考第 4 章 4.6 节相关内容。绑定之后就可以用 QQ 号和 Email 帐号登录微信了。

第 4 章 个性化设置

上一章已经完成微信的安装并注册好属于自己的微信。本章将带领读者熟悉微信的基本界面并完成个性化设置，打造属于你自己的微信。

4.1 微信界面说明

在进入具体的设置前需要先熟悉微信的主界面，本节主要对微信的主界面做简单介绍。

点击微信程序图标就可以打开微信客户端，输入用户名和密码后登录，进入微信主界面，如图 4.1 所示。

微信主界面的设计遵循简约风格，主要可以分为 4 个部分，分别对应于主界面下方的四个按钮，点击可以进入相应的功能，下面逐一对各功能进行介绍。

- 微信

点击微信主界面下方“微信”按钮即可进入该功能。该模块主要显示用户当前的聊天列表。点击列表的各行可以打开与各联系人的聊天界面。

图 4.1 微信主界面

- 通讯录

点击微信主界面下方“通讯录”按钮即可进入该功能。该功能将用户所有的微信联系人按照人名汉语拼音的首字母顺序排列，并显示联系人的头像和签名，如图 4.2 所示。

- 发现

点击微信主界面下方“发现”按钮即可进入该功能。该模块几乎集中了微信所有好玩的功能，如“摇一摇”、“附近的人”、“漂流瓶”、“游戏中心”、“购物”等，如图 4.3 所示。

图 4.2 微信“通讯录”

● 我

点击微信主界面下方“我”按钮即可进入该功能，如图 4.4 所示。该模块提供了微帐号信息、我的相册、我的收藏、表情商店、钱包等一些功能。点击“设置”可以对微信进行更进一步设置，将在后面给大家详细介绍。

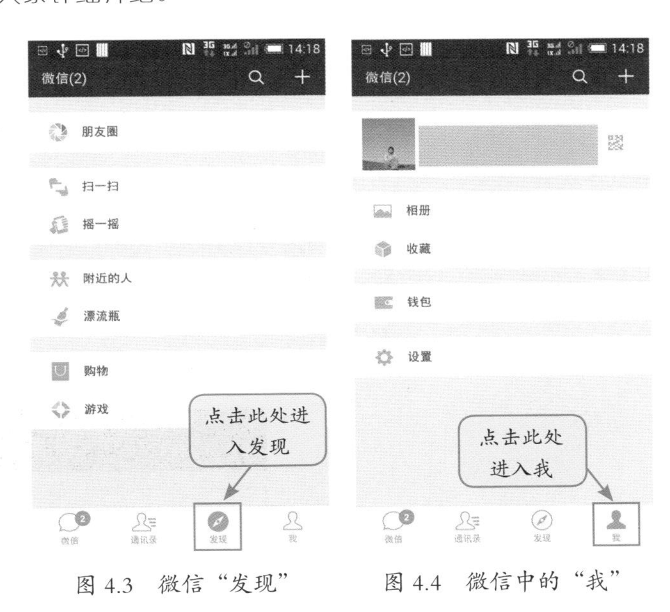

图 4.3　微信“发现”　　图 4.4　微信中的“我”

4.2　个人信息设置

要想让他人尽快地了解你、认识你，相对完整并具有吸引力的个人信息必不可少。个人信息主要包括：头像、名字、微信号、性别、地区和个性签名等，下面对这些信息的设置逐一进行介绍。这些信息的设置都在“个人信息”页中进行，进入“个人信息的”方法为：在主界面上点击“我”，进入“我”页面后再点击头像，如图 4.5 所示。

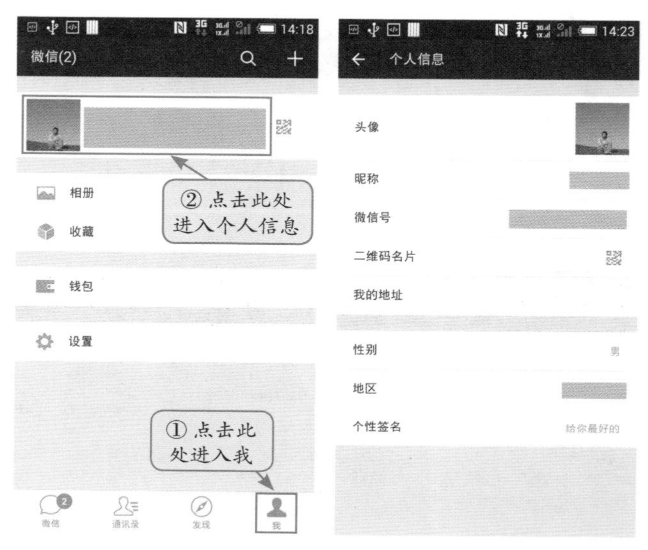

图 4.5 进入“个人信息”页面

4.2.1 头像

头像是用户给他人的第一印象，一个好的头像可以迅速提高自己的人气，赶快为自己设置一张富有魅力的头像吧。

进入“个人信息”页面后点击头像，如图 4.6 所示，然后你就可以从你的手机相册中选择一张中意的照片作为头像，或者用相机当场拍摄一张照片作为头像。

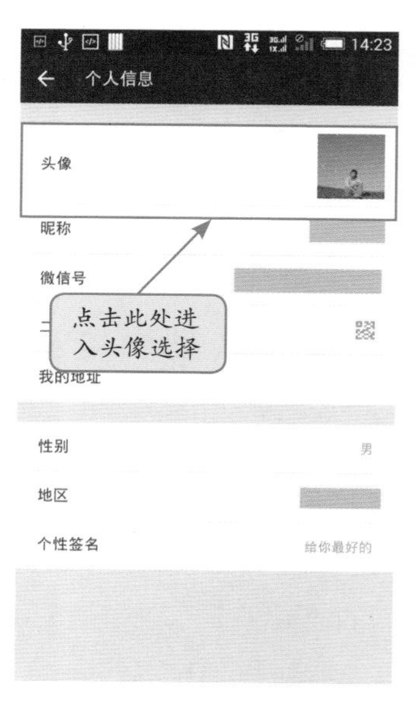

图 4.6 设置微信头像

4.2.2 昵称

微信的昵称是被别人称呼及被他人搜索到时所显示的名字，即用户的微信名。用户可以将其设置为自己的真实名字，不过更多的情况下，很多玩家一般都会给自己起一个比较有趣的名字。微信名就像 QQ 名等一样可以灵活多变，展示自己的个性，微信名字一般不超过 8 个汉字。下面举几个网络上比较个性的名字："メ稀饭你的笑"，"ヽ指尖的阳光丶"，"街角・陌路△"、"月下葬花魂"。

进入"个人信息"页面后选择"昵称"进入"更改名字"页面，输入自己喜欢的文字并点击"保存"即设置完成，操作步骤如图 4.7 所示。

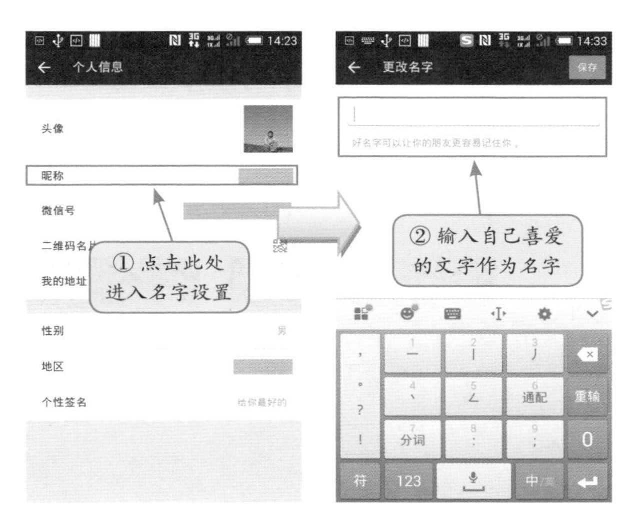

图 4.7　设置名字

4.2.3 性别

进入"个人信息"页后，点击"性别"，在弹出的对话框中选择正确的性别，点击"确定"完成设置，如图 4.8 所示。

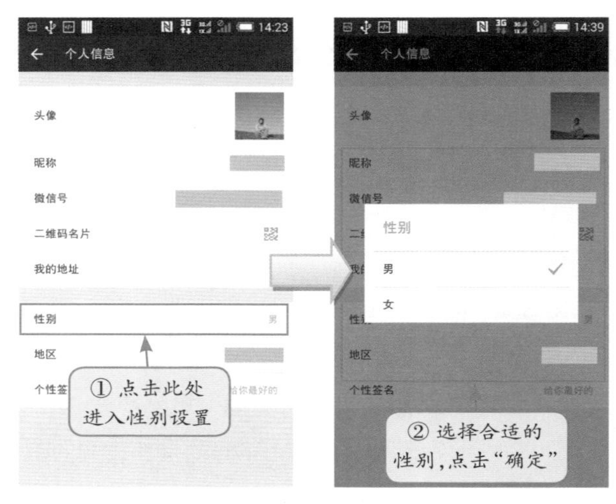

图 4.8 设置性别

4.2.4 地区

地区信息可以帮助附近的好友找到你并了解你的信息，同时也更便于微信漂流瓶或者附近的人等功能充分发挥作用。进入“个人信息”后点击“地区”，在“地区”页面中选择你所在地区。操作步骤如图 4.9 所示。

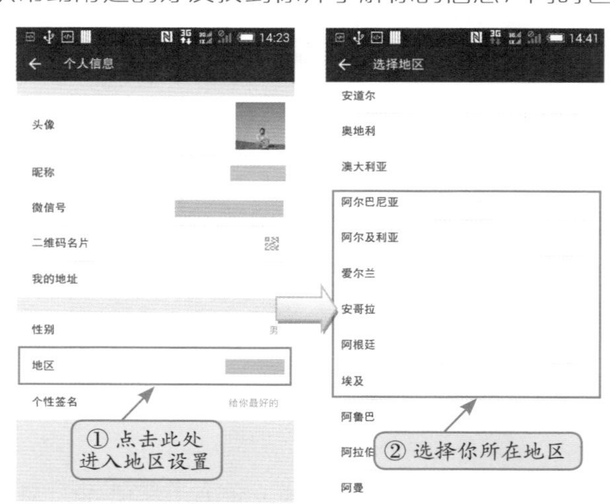

图 4.9 设置地区

4.2.5 二维码名片

二维码名片是微信中比较有特色的一项功能，用户可以使用微信的“扫一扫”功能，通过扫描二维码来添加微信好友。二维码是自动生成的，进入“个人信息”页面后点击“二维码名片”就可以查看你的二维码信息，点击右上角的 ··· 图标，可以“分享二维码 / 换个样式 / 保存到手机”，如图 4.10 所示。

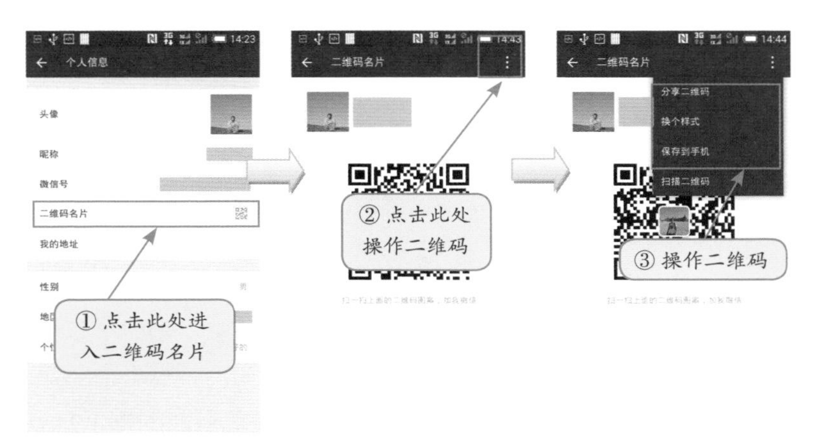

图 4.10 查看和修改二维码名片

4.2.6 个性签名

对于个人用户来说，一个好的个性签名可以更好地展示自己，让他人了解自己的个性和特点；对于商家来说则可以在此加入商品信息等内容，让客户了解自己的品牌和产品，成为一个小的广告平台。

微信个性签名可以支持最多输入 30 个汉字，进入“个人信息”页面后选择“个性签名”，在“个性签名”对话框中输入自己喜欢文字作为个性签名。操作步骤如图 4.11 所示。

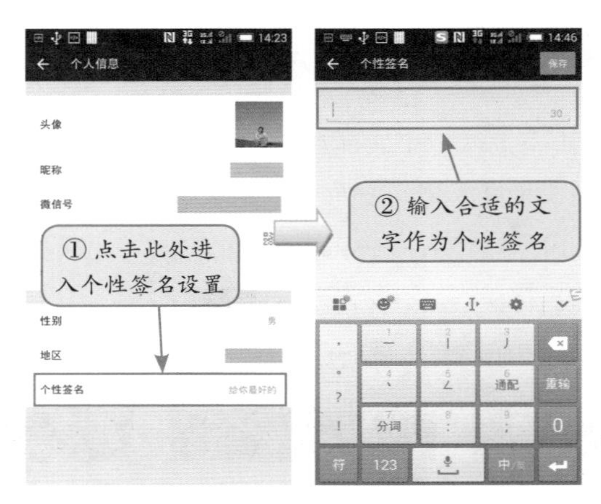

图 4.11 设置个性签名

4.3 消息提醒设置

4.3.1 常规消息提醒设置

新消息提醒主要是设置微信中朋友发来新信息时的提示方式。在主界面上点击“我”,然后点击“设置”,在“设置”界面上点击“新消息提醒”即可进入消息设置界面，如图 4.12 所示。

“新消息提醒”界面中一共有 6 个选项，图 4.12 中用‘a’~‘f’所标注，下面对这 7 个选项详作介绍：

a. 此选项确定是否进行新消息提醒。关闭该选项后来，新消息发来时软件将不做任何声音或者振动性质的提示，所以此时 b-e 选项也不再可用。

b. 此选项用于设置在收到新消息时是否显示相关信息，若关闭此选项，则收到新消息时，不显示发信人和消息的内容。

c. 此选项确定软件处在非聊天界面或者只在后台运行时，来新

信息是否做出声音提示，去选后来新信息时不会有声音提示，只会在手机操作系统的通知区域做出提示。

d. 此选项是选择来新信息时的提示声音，点击可以进入选择，如图 4.13 所示。

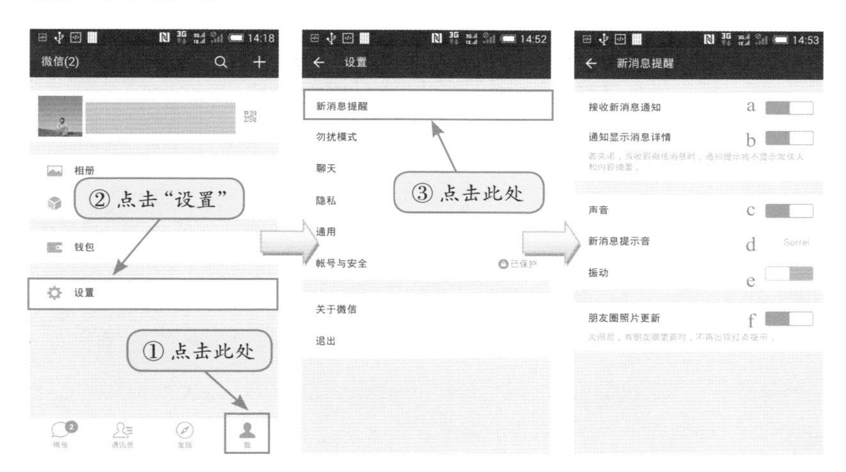

图 4.12 进入“新消息提醒”界面

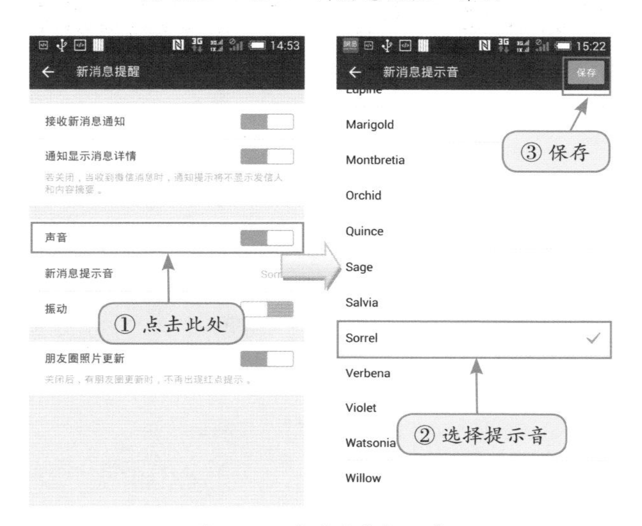

图 4.13 设置信息提示音

此时，用户可以选用默认的“跟随系统”，也可以根据个人喜好选择其他的提示音，选择好后点击右上角的“保存”按钮进行保存即可。若不想对提示音进行更改则选择左上角“取消”退出即可。

e. 此选项确定软件处在聊天界面时收到新信息时是否振动手机，去选后，聊天时来新信息手机将不会振动。

f. 此选项主要用于设置朋友圈的更新消息，若关闭，则朋友圈状态有更新时，没有红点提示。

4.3.2 勿扰模式设置

如果你不想在某个时间段受到消息提醒的干扰，可以通过勿扰模式实现。进入微信的设置界面后，点击“勿扰模式”，在默认情况下，“勿扰模式”这项功能是关闭的，即当微信处于后台运行时来新信息后立刻发出提醒，如图 4.14 所示。

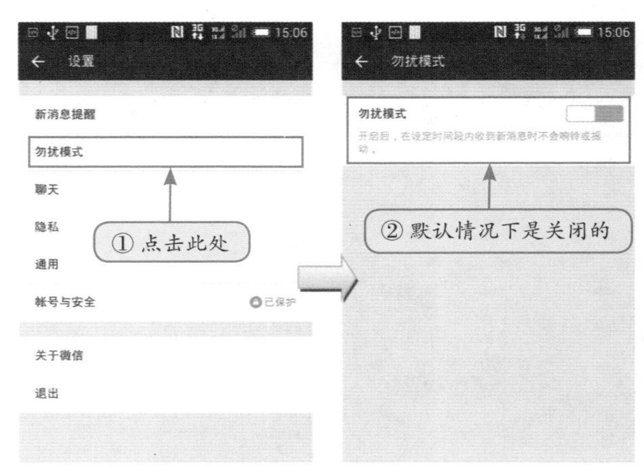

图 4.14　设置后台消息提醒时段 1

若用户想开启免打扰功能，需打开勿扰模式开关，并设置免打扰时间段，如图 4.15 所示，在这段时间内收到信息，将不会有响铃

和振动的提示。

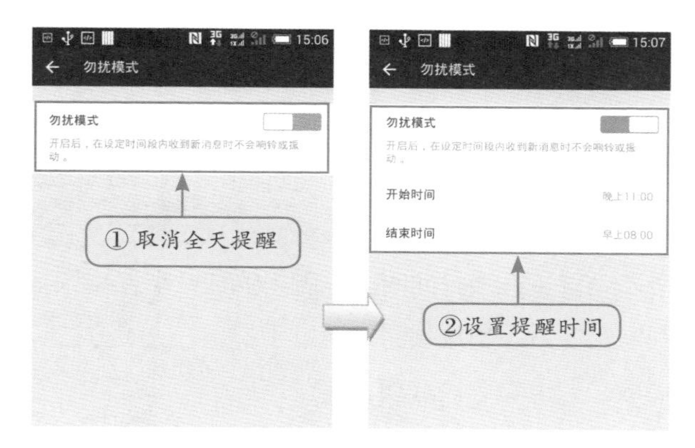

图 4.15 设置后台消息提醒时段 2

4.4 聊天设置

在聊天设置界面中可对语音播放模式、字体大小、聊天背景等进行设置。在微信主界面上点击“我”，然后选择“设置”，在“设置”界面上点击“聊天”即可进入聊天设置界面，如图 4.16 所示。

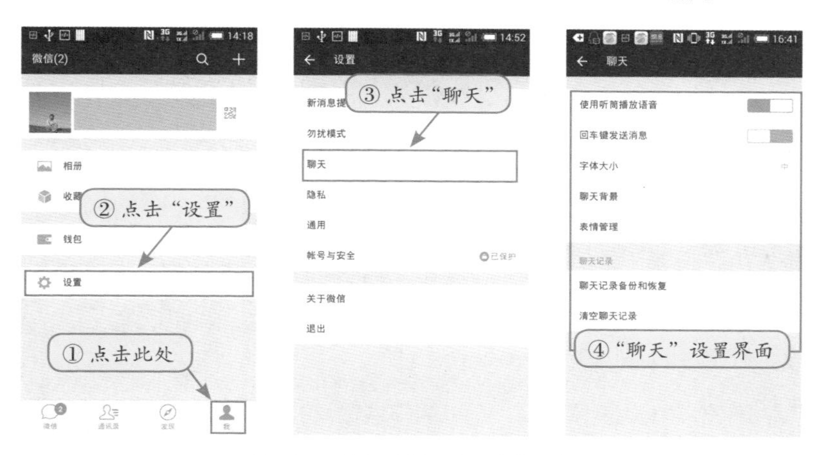

图 4.16 进入“聊天”设置界面

4.4.1 语音播放设置

发送语音是微信的主要功能之一，收听语音消息的方式有两种：一种是通过听筒播放，另一种是通过扬声器播放。在微信的“通用设置”界面可对这两种收听方式进行选择，如图 4.17 所示。在默认情况下不勾选该选项，此时微信聊天的语音信息在没有插入手机耳机时会通过手机的扬声器播放。如果勾选该选项，在没有插入耳机的情况下，语音信息通过手机的听筒播放。当然，在插入耳机的情况下，不管如何选择，语音都在耳机中播放。

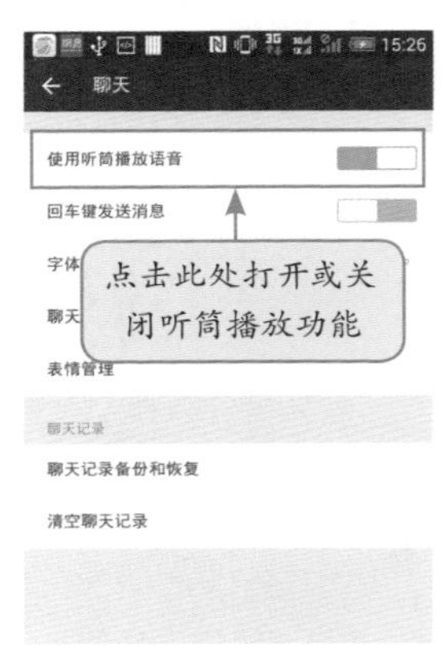

图 4.17　语音播放设置

4.4.2 字体大小

微信 6.0 提供 5 种大小的聊天字体：“小字体”、“中字体”、“大字体”、“超大字体”、“特大字体”，以满足不同用户的需要，默认为“中字体”。设置字体的方法为：从通用设置界面点击“字体大小”，进入“字体大小”设置界面，然后选择需要的字体大小即可，如图 4.18 所示。

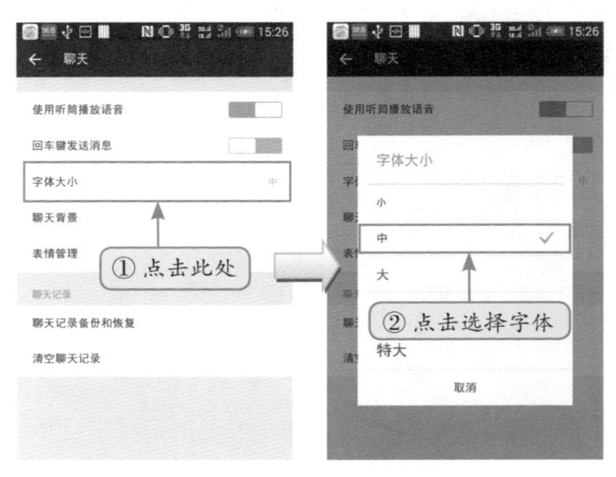

图 4.18　设置字体

4.4.3 聊天背景设置

微信的聊天背景可以根据自己的喜好进行设置，具体的设置方法为在微信界面上点击“我”，然后点击“设置”，在设置界面上选择“聊天背景”，如图 4.19 所示。在“聊天背景”设置界面上，你可以从相册中选择一张图照片，或者从图库中选择一张喜欢的图片作为你的聊天背景，还可以现时拍一张照片作为聊天背景。

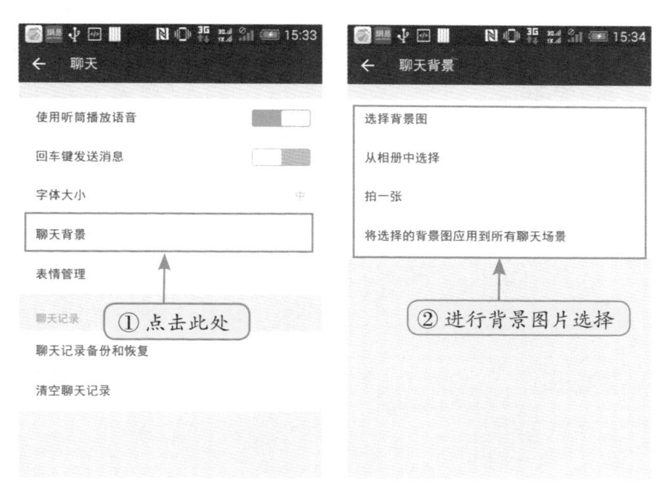

图 4.19 设置聊天背景

> **提示：** 关于“表情管理”、“聊天记录管理”等相关内容，将在第 6 章中详细介绍。

4.5 隐私设置

微信软件提供了灵活多变的交友方式，拉近了陌生人之间的距离，但事情都具有两面性，距离的拉近可能导致个人信息的暴露，这会给一些人带来不便，所以隐私设置显得非常重要。

进入隐私设置的方法为：在微信主界面点击“我”，然后点击“设置”，进入“设置”界面后点击“隐私”，如图 4.20 所示。

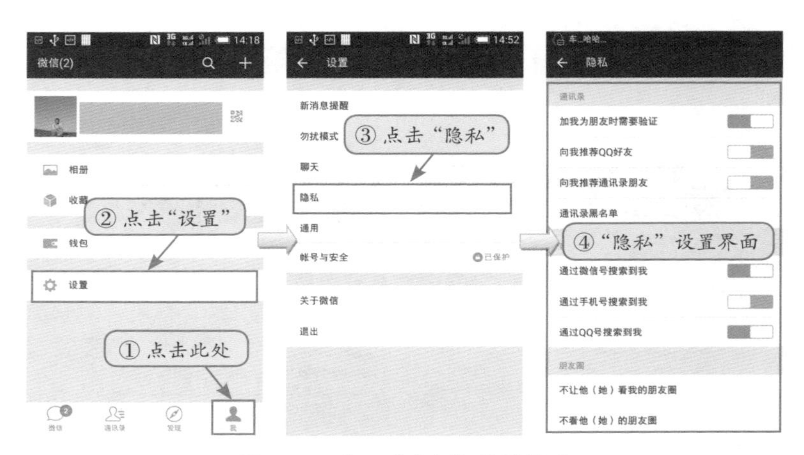

图 4.20　进入“隐私”设置界面

在隐私设置中可以对“加好友权限”、“通讯录黑名单”、“朋友圈权限”等进行设置。

4.5.1　加好友权限

加好友权限主要涉及别人在何种条件下可以搜索或者加自己为好友。加好友权限中有 6 个选项可供选择，用户可以根据自己的需求做出设置，如图 4.21 所示。下面对这 6 个选项逐一说明。

- 加我为朋友时需要验证

选择后别人加自己为好友时，需要通过自己的验证方可成为好友，此选项默认勾选，也建议读者勾选，防止恶意添加好友等不必要的麻烦。

- 向我推荐 QQ 好友

勾选此项后，微信会自动给你推荐正在使用微信的 QQ 好友。

- 向我推荐通讯录朋友

勾选该选项后微信软件会扫描手机里通讯录，并通过手机号搜索各联系人，若该联系人已经注册微信则会向用户推荐该联系人，用户可以选择是否添加其为好友。关于该功能将在第 5 章用到，我们推荐读者勾选该选项。

- 通过微信号搜索到我

勾选该选项后，若其他用户已知本用户的微信号，则可以搜索到本用户，使用该功能需要用户已经设置过微信号。该选项默认为勾选，用户可以根据需要做出选择。

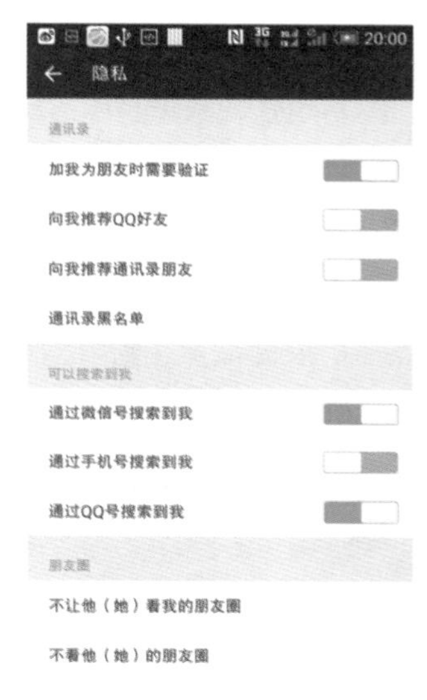

图 4.21　设置加好友权限

- 通过手机号搜索到我

用户勾选该选项后，如果其他人知道用户的手机号，则可以通过手机号搜索到用户的微信号，此功能需要用户已经将微信与手机号绑定。

- 通过 QQ 号搜索到我

勾选此项后，你的朋友可以通过 QQ 号搜索到你。

4.5.2 通讯录黑名单

通讯录黑名单里列出了被设为黑名单的微信用户。黑名单功能可以帮助用户拒收来自其他微信用户的任何信息，起到免除打扰的作用，本小节主要讲述微信中黑名单的使用。

1. 加入黑名单

将对方加入黑名单俗称“拉黑”，下面举例说明拉黑的操作过程。假设我们想把通讯录中的“披着羊皮的狼”加入黑名单。

从微信主界面点击“通讯录”，找到联系人“披着羊皮的狼”，点击打开“披着羊皮的狼”的详细资料。在详细资料界面的右上角点击扩展功能按钮，在弹出的选项中点击“加入黑名单”，然后点击“确定”；操作步骤如图 4.22 所示。

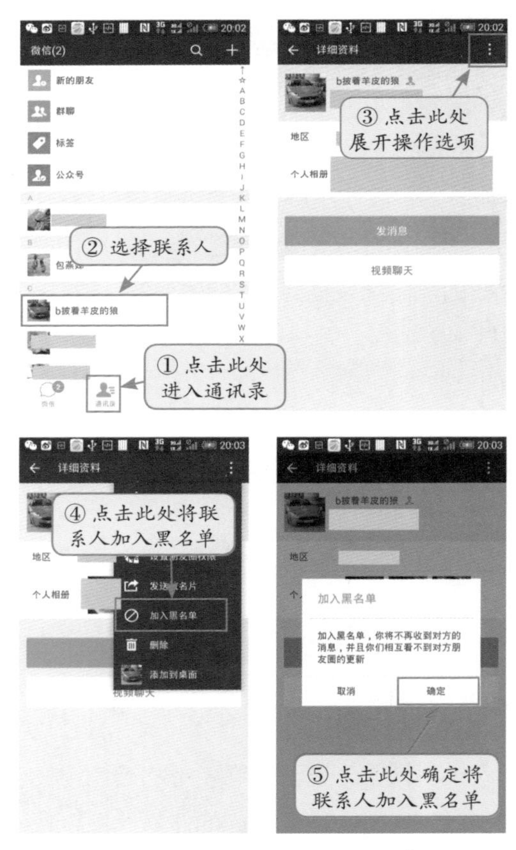

图 4.22 将联系人加入黑名单

2. 黑名单说明

将联系人加入黑名单后，此联系人将在通讯录里消失，只有在“通讯录黑名单”里才能找到此联系人。打开“通讯录黑名单”的具体方法为：依次点击“我”→“设置”→“隐私”→“通讯录黑名单”，如图 4.23 所示。

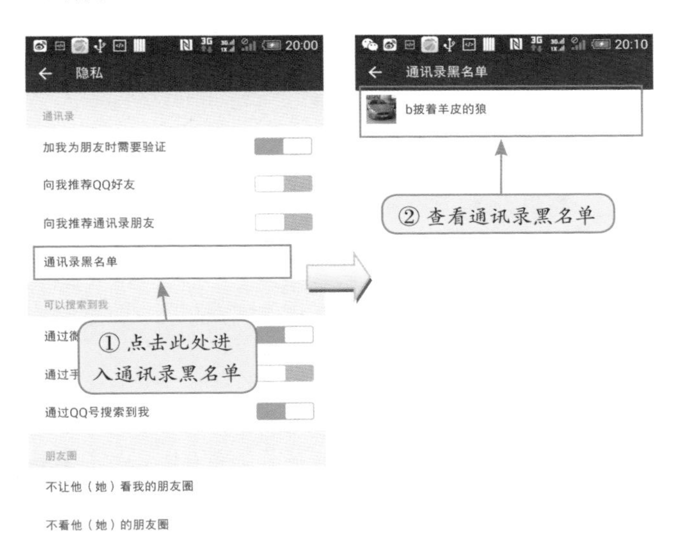

图 4.23　打开通讯录黑名单

点击“披着羊皮的狼”可查看其详细资料。将联系人加入黑名单后，你将不再收到对方的消息，但你可以给对方发送消息，并且对方可以收到。如果“披着羊皮的狼”用户传播不良信息，你还可以依次点击“举报”→“确定”对其进行举报，如图 4.24 所示。

加入黑名单与直接从通讯录中删除是不一样的。删除好友后还可以收到对方发来的信息，如果此时回复则可以继续把被删除的用户添加为好友。但当用户被拉黑后，将收不到任何其发来的信息，所以作者提醒各位读者，拉黑要谨慎。

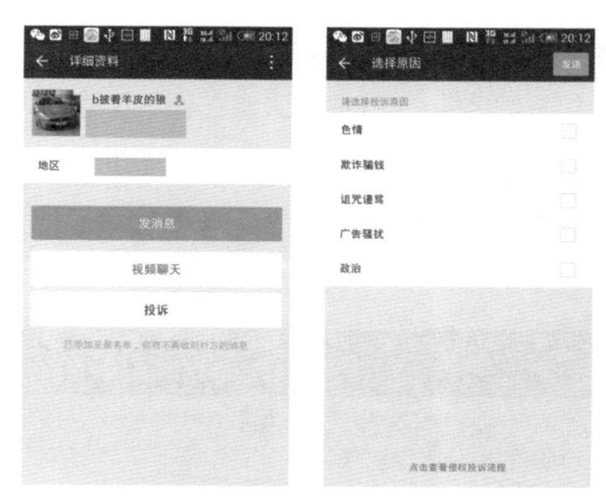

图 4.24 查看黑名单联系人资料与举报

3. 移出黑名单

将好友从黑名单中移出的具体操作步骤如图 4-25 所示。

（1）进入“通讯录黑名单”，找到要移出黑名单的联系人，点击此联系人打开其详细资料信息。

（2）在“详细资料”页面上，点击右上角的扩展按钮。

（3）在弹出的菜单中选择“移出黑名单”。

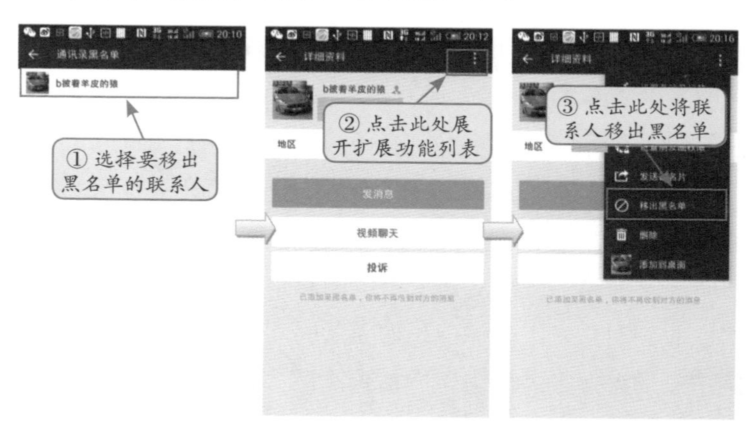

图 4.25 将联系人移出黑名单

4.5.3 朋友圈权限

朋友圈是微信一个重要的功能，主要列出了自己的好友最近更新的相册和分享的信息等。通过朋友圈用户可以看到其他朋友的最新动态。关于朋友圈的详细介绍将放在本书的 6.2 节，这里主要讲解朋友圈权限的设置。

1. 进入“朋友圈权限设置”

进入“朋友圈权限设置”的方法是，在微信界面上依次点击“我”→“设置”→“隐私”，如图 4.26 所示。

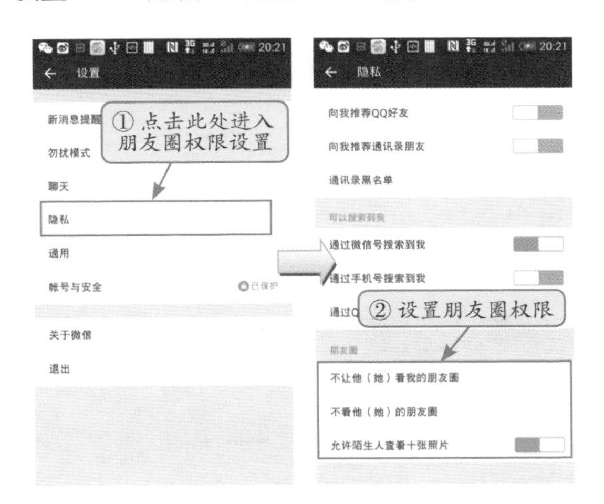

图 4.26　进入朋友圈权限设置

“朋友圈权限”一共有 3 个设置选项：“不让他（她）看我的朋友圈”、“不看他（她）的朋友圈”以及“允许陌生人查看十张照片”。下面对这三个选项进行详细介绍。

2. 设置“朋友圈权限”

（1）不让他（她）看我的朋友圈

如果你不想让某些人看你的朋友圈，那么你可以通过下面的步骤进行设置：在“朋友圈权限”设置界面点击“不让他（她）看我的朋友圈”；在弹出的“朋友黑名单”设置界面点击添加按钮 + ；选择要加入黑名单的联系人；点击“确定”将选择的联系人加入朋友圈黑名单，如图 4.27 所示。

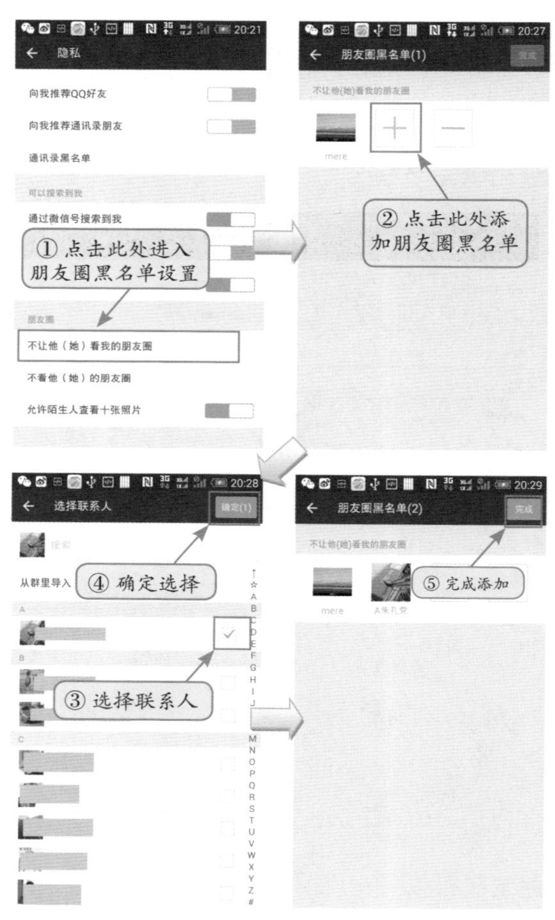

图 4.27　添加朋友圈黑名单

将“朋友圈黑名单”中的好友移除的具体方法：进入“朋友圈黑名单”，在“朋友圈黑名单”设置界面点击减去按钮▬，然后点击要移出的联系人的头像，最后点击“完成”即可，如图 4.28 所示。

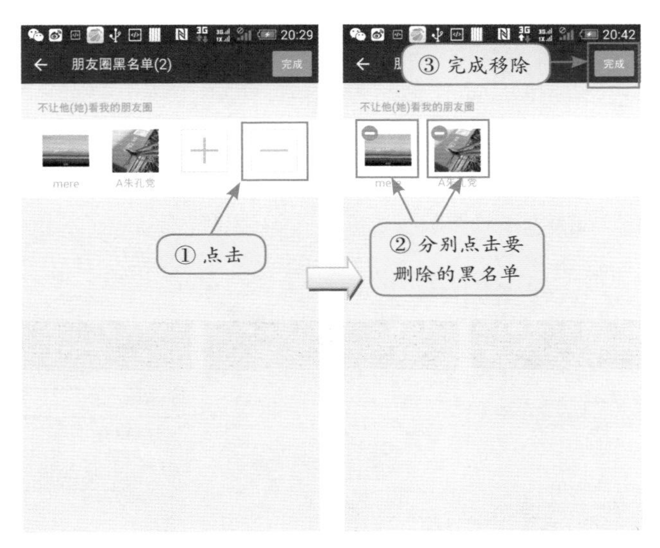

图 4.28　移除朋友圈黑名单

（2）不看他（她）的照片

“不看他的照片”功能与“朋友圈黑名单”功能正好相反。某好友被列入“不看他的照片”组后，该好友更新照片等信息将不会出现在本微信用户的朋友圈中，即忽略该好友的举动。其操作方式同设置“朋友圈黑名单”极为类似，此处不再赘述。

（3）允许陌生人查看十张照片

勾选该功能后，陌生人可以看到用户相册里的十张照片，去选后陌生人将看不到你相册的照片。该选项默认为勾选，也推荐读者勾选，这样便于其他人在与你成为好友前对你有个简单的了解。

4.6 通用设置

4.6.1 横屏模式

打开该功能后当手机横向时微信软件会自动调整界面以适应横屏，此功能需要用户打开手机系统的“自动旋转屏幕”功能。打开/关闭横屏模式的方法如下：在微信主界面点击“我”，然后点击“设置”，在“设置”界面点击“通用”，进入“通用”设置界面后即可进行设置，如图 4.29 所示。

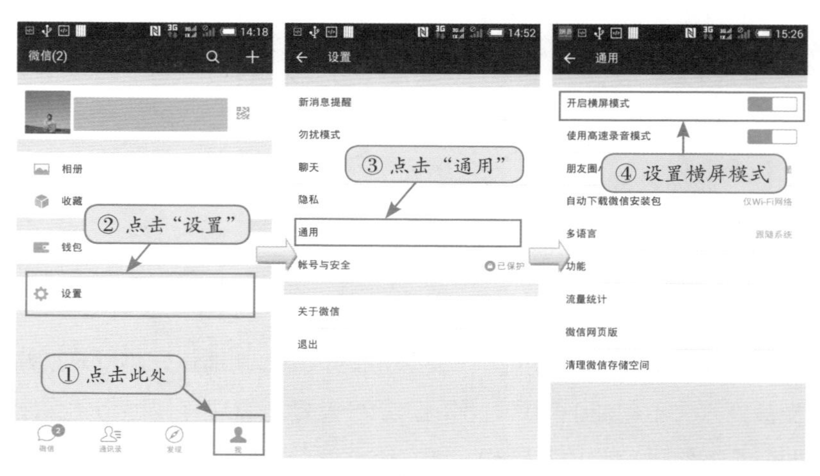

图 4.29 横屏模式设置

4.6.2 高速录音模式设置

该选项是一种为了节省流量的设计，当然也可以提高微信对讲等语音功能的响应速度，微信默认开启该开关，笔者也建议读者打开该开关以节省流量。设置高速录音模式的方法如下：在微信主界面点击“我”，然后点击“设置”，在“设置”界面点击“通用”，进入“通用”设置界面后即可进行设置，如图 4.30 所示。

图 4.30　设置高速录音模式

4.6.3 朋友圈小视频自动播放功能设置

朋友圈的小视频功能是微信 6.0 增加的主要功能之一。关于小视频功能，将在第 6 章的朋友圈中给大家详细介绍，这里主要给大家介绍如何打开 / 关闭小视频的自动播放功能。方法如下：在微信主界面点击“我”，然后点击“设置”，在“设置”界面点击“通用”，进入“通用”设置界面后点击“朋友圈小视频”即可对小视频的自动播放功能进行设置，如图 4.31 所示。

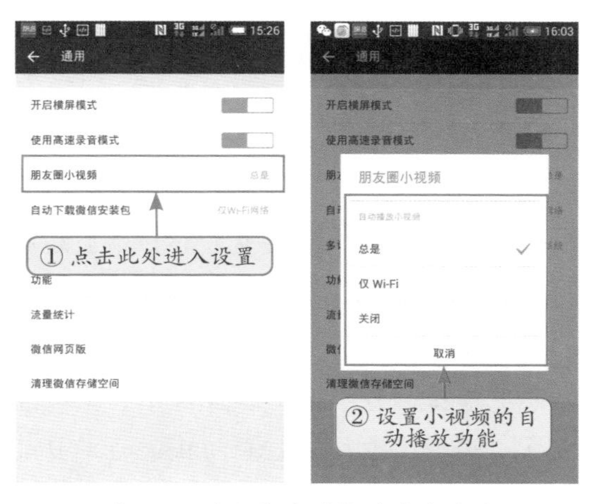

图 4.31　小视频自动播放功能设置

4.6.4 多语音设置

微信软件支持 18 种语言，用户可以根据自己的需要进行设置。点击“多语言”，进入“多语言”设置界面后选择自己喜欢的语言，然后点击“保存”即可，如图 4.32 所示。

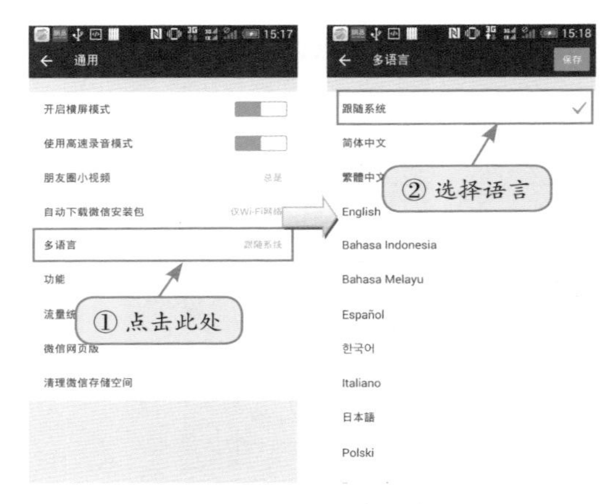

图 4.32　设置多语言

4.6.5 辅助功能设置

微信是腾讯旗下的众多软件之一，在微信中，可以添加腾讯公司的其他软件，添加之后，可以通过微信客户端查看其他软件的推送消息，例如，在微信中启用“QQ 邮箱提醒”功能后，当你的 QQ 邮箱收到新的邮件时，在微信上会有提示。设置微信辅助功能的方法如下：在微信主界面点击“我”，然后点击“设置”，在“设置”界面点击“通用”，进入“通用”设置界面后点击“功能”即可对微信的辅助功能进行启用 / 关闭设置，如图 4.33 所示。

图 4.33 微信辅助功能设置

4.7 帐号与安全

该选项主要用于帐号相关的设置，主要包括：微信号、QQ 号、手机号、邮箱地址、独立密码和帐号保护。进入“帐号与安全”的具体方法为：在微信主界面依次点击“我”→“设置”→“帐号与安全”如图 4.34 所示。

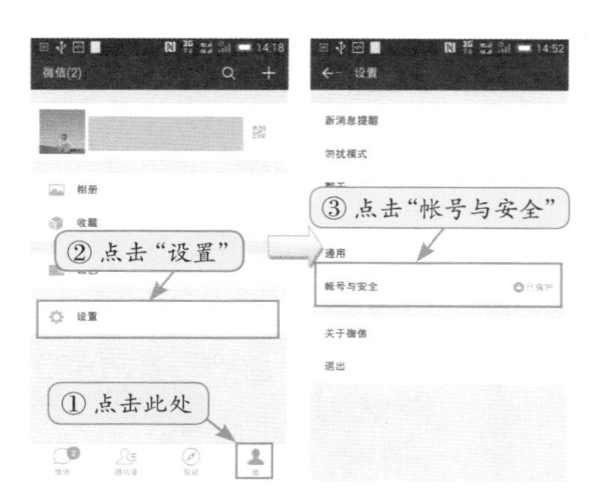

图 4.34 进入帐号与安全

4.7.1 微信号

微信号是用户的唯一标识，每个用户都有唯一的微信号，微信号可以用来登录微信。进入“帐号与安全”，选择“微信号”，即可进行设置，如图 4.35 所示。

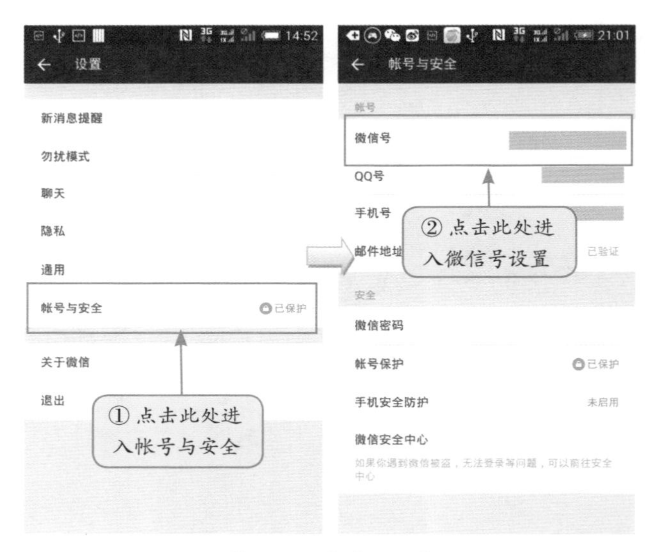

图 4.35 设置微信号

设置微信号注意事项如下。

- 微信号只能允许用户设置一次。
- 微信号必须由 6~20 个字母、数字、下划线和减号组成。
- 微信号必须以字母开头。
- 每个用户有唯一的微信号，如果自己想用的微信号已经被别人占用，需要重新设置，这时建议读者在微信号内引入下划线“_”加以区分。

4.7.2 绑定 QQ

微信号可以与 QQ 号绑定。绑定后将可以使用微信的一些非常方便的功能，比如绑定 QQ 号的微信可以将 QQ 好友里的联系人信息添加到微信中来。

将微信与 QQ 号绑定的方法为：在“帐号与安全”里点击“QQ 号”，进入“QQ 号”界面，在这里可以设置需要绑定的 QQ 号，也可以解除与某个 QQ 号的绑定，如图 4.36 所示。

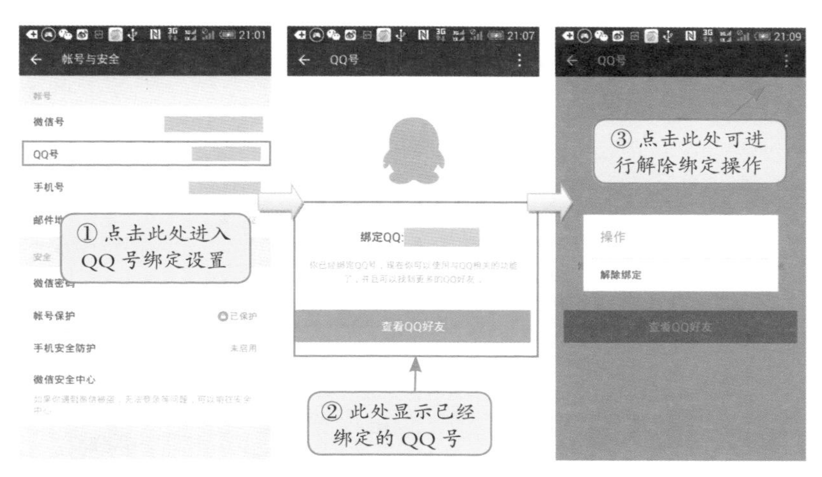

图 4.36 查看与解除绑定 QQ 号

如果还未绑定 QQ 号，点击“开始绑定”，输入要绑定的 QQ 号和密码后即可实现微信与此 QQ 号的绑定，如图 4.37 所示。

图 4.37　绑定 QQ 号

4.7.3　绑定手机号

绑定了手机号，就可以实现手机通讯录与微信的同步，这样就可以实现通过手机通讯录来查找 QQ 好友了。点击“手机号”可以查看已经绑定的手机号，点击“停用”可以解除与当前手机号的绑定，如图 4.38 所示。点击“查看手机通讯录”可以查看当前手机通讯录中正在使用微信的好友，当然，前提条件是对方也进行了微信与手机号的绑定。

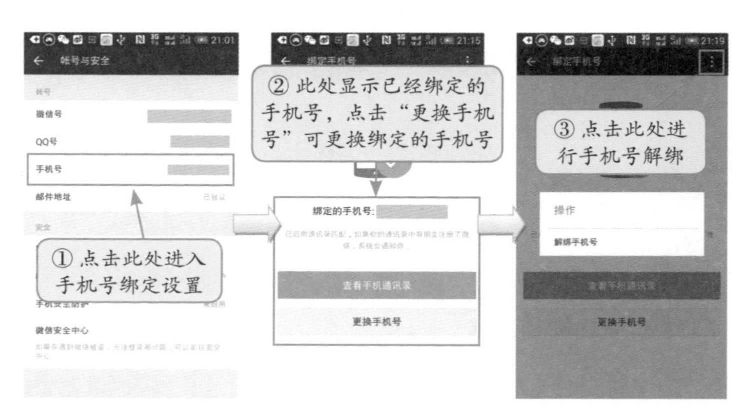

图 4.38　查看与停用手机绑定

如果还未绑定手机号，点击“启用”，输入要绑定的手机号，此时手机会收到一条验证码，输入验证码，点击“下一步”，即可实现微信与此手机号的绑定。如图 4.39 所示。

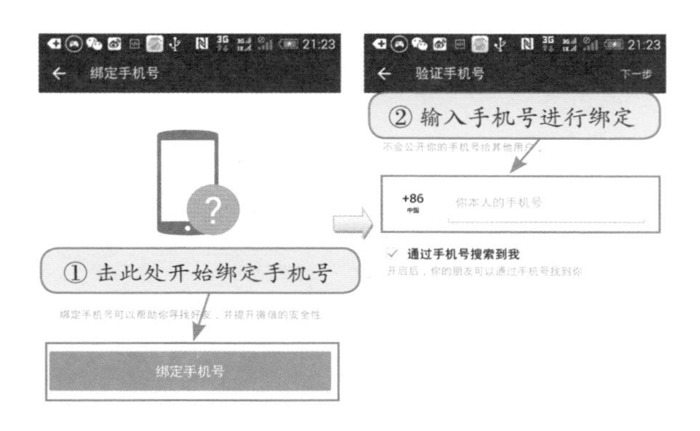

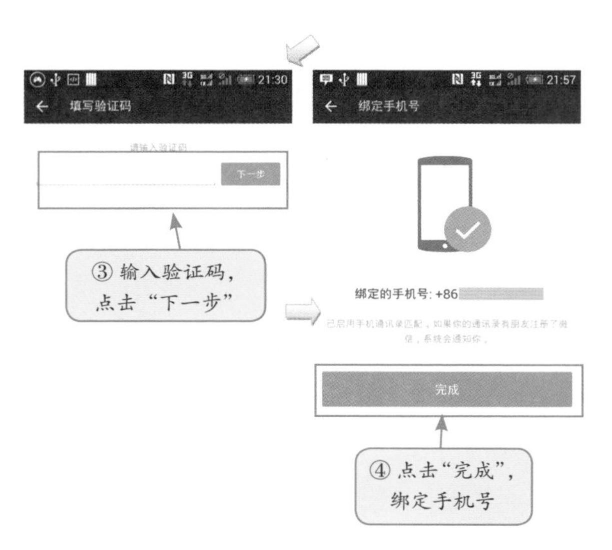

图 4.39　绑定手机号

4.7.4 邮箱地址

绑定邮箱后，可接收来自邮箱的信息。如果你更改了邮件地址，你需要对邮件地址重新进行验证。点击“帐号与安全”里的“邮件地址”可以查看当前已经绑定的邮箱，可以对它进行“解绑”以进行修改，如图 4.40 所示。

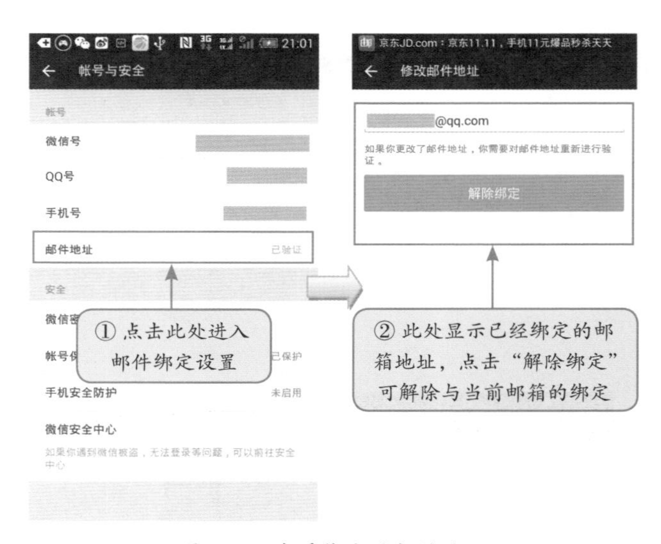

图 4.40　查看绑定的邮件地址

4.7.5 设置独立密码

设置独立密码可以用微信绑定的帐号加独立密码登录。如绑定手机号后，可以使用手机号 + 独立密码登录微信。设置独立密码的具体方法如图 4.41 所示。

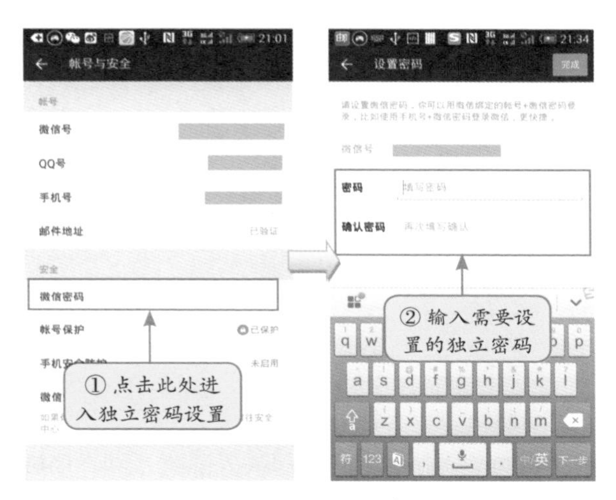

图 4.41　设置独立密码

4.7.6　帐号保护

开启帐号保护后，在不常用的手机上登录微信时，需要验证你的手机号码。开启帐号保护的方法为：进入“帐号与安全”页面，点击“帐号保护”进入“帐号保护”页面，打开“帐号保护”的开关即开始启用帐号保护功能，如图 4.42 所示。

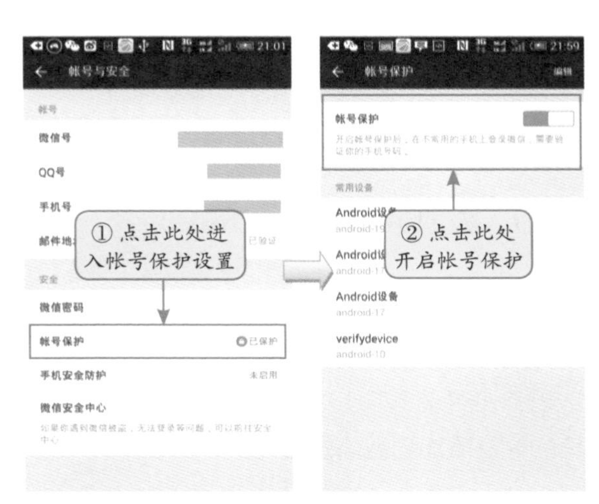

图 4.42　开启帐号保护功能

第 5 章 微信找朋友

作为一款通信工具，与他人聊天是微信的主要功能，然而我们聊天的最主要目的之一就是建立自己的人际关系网，形成自己的朋友圈。本章将带领读者利用微信进行人际沟通、扩展人脉，并建立自己的朋友圈。

5.1 快速添加微信好友

刚刚申请的微信号，通讯录里只有“微信团队”、“语音提醒”等功能联系人，这一节给大家详细介绍如何快速将手机通讯录和 QQ 好友中正在使用微信的好友添加为微信好友。

5.1.1 添加手机联系人为微信好友

如果你的微信号已经绑定了手机号，那么你就可以方便地将手机通讯录里正在使用微信的好友添加为好友（关于绑定手机号的方法请参考 4.7.3 节）。下面给大家介绍将手机通讯录里正在使用微信的好友添加到微信好友的具体步骤：

（1）首先，点击微信主界面上的“通讯录”，然后点击右上角 + 图标，打开扩展列表，点击“添加朋友”进入添加朋友页面，点击“QQ/ 手机联系人”，如图 5.1 所示。

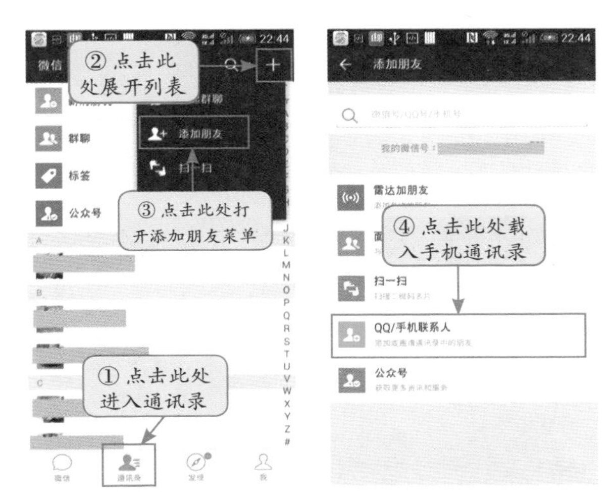

图 5.1 进入“添加朋友”页面

（2）点击“添加手机联系”，软件会自动载入手机通讯录，如图 5.2 所示。

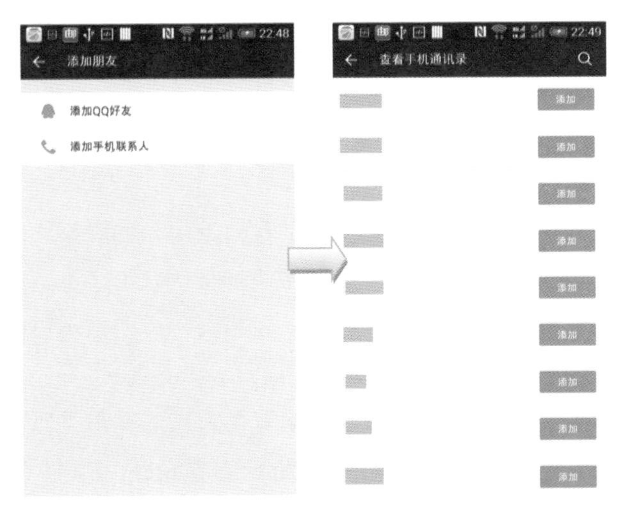

图 5.2 载入手机通讯录

（3）点击想要添加的好友，此时会弹出该好友的详细资料，点击“添加到通讯录”，稍等片刻会弹出验证申请，方框内输入希望通过对方验证的语句，比如“我是某某某”，然后点击“确定”发送验证信息等待对方通过验证，验证通过后双方即可成为好友，如图 5.3 所示。验证消息发送成功后点击“返回”可以继续添加其他好友。

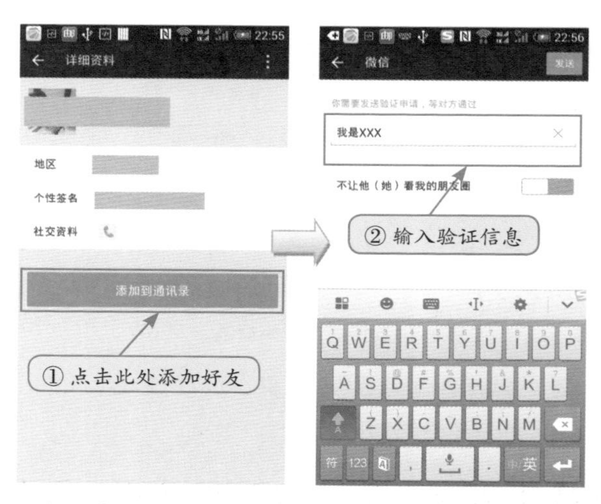

图 5.3　添加手机通讯录好友

5.1.2　添加 QQ 好友为微信好友

自诞生之日起，微信就与 QQ 有着密不可分的联系。前面的章节已经介绍了 QQ 庞大的用户群为微信的成功做出了不可磨灭的贡献，微信支持从 QQ 好友列表中添加联系人是再自然不过的了（关于绑定 QQ 号的方法请参考 4.7.2 节）。

导入 QQ 好友的方法和导入手机联系人方法基本类似，按导入手机联系人方法进入到图 5.4 左图所示的界面后，点击“添加 QQ 好友”，微信会自动导入 QQ 好友。选择要添加的好友进行添加即可，

其余操作步骤与添加手机联系人的方法类似，这里不再赘述。

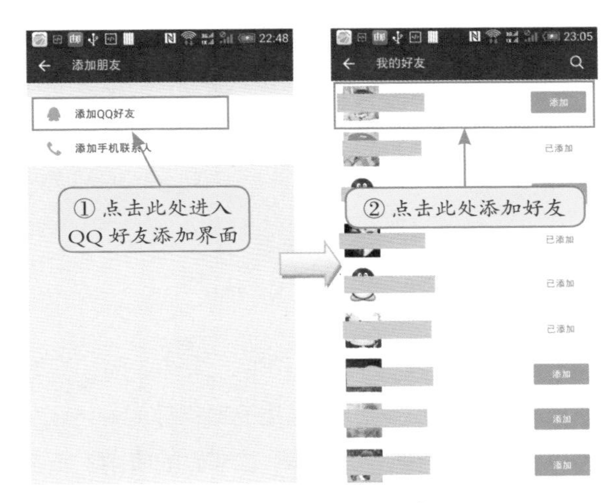

图 5.4　添加 QQ 好友

5.1.3　雷达添加朋友

添加手机联系和QQ好友都是有目的性的添加，目标一般都是我们认识的同学或者朋友，在微信中还可以随机添加好友。雷达添加朋友通过长按按钮来添加身边好友，此方法与后面

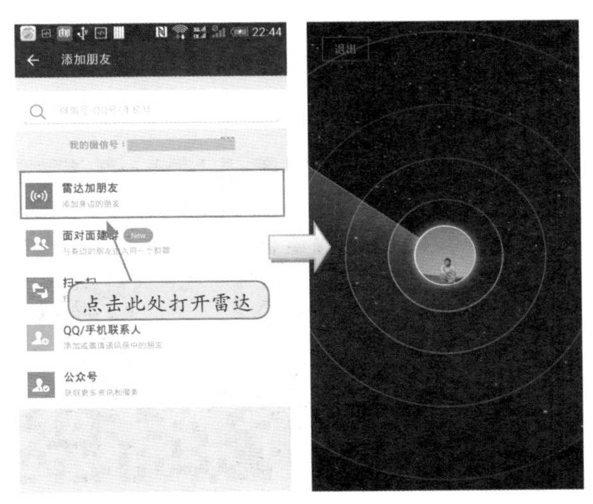

图 5.5　雷达添加朋友

5.4.1 节要介绍的“摇一摇找朋友”类似。通过雷达添加身边好友的方法操作起来非常简单，进入“添加朋友”界面后，点击“雷达添加朋友”，软件即会自动搜索周围同时打开此功能的好友。如果此时正好也有其他人在按这个按钮，那么软件会列出这些联系信息，你就可以通过给他们发送邀请或者打招呼将他们添加成为你的微信好友啦。

5.2 微信“扫一扫”

“扫一扫”是微信的又一大特色功能，该功能与“二维码”完美结合，为用户提供了新颖、便捷、有趣的操作体验。

在微信之前，国内已经有一些基于二维码的应用，不过并未得到很好的普及。然而在微信推出“扫一扫”功能后，大量用户学习并习惯了二维码的使用，使二维码迅速成为互联网的新时尚。二维码很快成为商家营销、网络支付的新工具，也许将会成为一个时代的标志。

图 5.6 是某微信公众帐号的二维码名片，该二维码在普通二维码的基础上在中间添加了用户的头像，这是微信团队专门为微信开发的二维码。

图 5.6 微信二维码名片

怎么样，中间带有照片的二维码看起来很酷吧！别急，下面就来制作属于你自己的二维码名片吧。

5.2.1 微信二维码名片

微信二维码名片是将用户的微信名字、地区、个性签名等信息通过编码形成的二维码。每个用户都可以通过微信软件制作自己的二维码名片，并将自己的二维码发送给其他的用户。对方可以利用微信的"扫一扫"功能扫描收到的二维码名片获得用户信息并做出打招呼、加好友等操作。关于二维码名片的制作请参考 4.2.5 节"二维码名片"。

5.2.2 二维码添加好友

如何通过扫描朋友发送给自己的二维码添加好友呢？主要有有以下两种方法。

第一种方法：直接扫描二维码图片添加好友。在微信主界面上点击"发现"，在"发现"页面上选择"扫一扫"启动扫描程序，选择"二维码"，然后将摄像头对准二维码名片，即可通过扫描二维码将对方添加为微信好友，如图 5.7 所示。

第二种方法：扫描本地二维码图片添加好友。如果你的手机上已经有对方的二维码名片了，那么你可以通过扫描本地手机的二维名片来添加好友。具体方法如下。

打开"扫一扫"功能后点击右上角的 ··· ，在弹出的对话框中选择"从相册选择二维码"即可实现好友添加。操作步骤如图 5.8 所示。

图 5.7　直接扫描二维码名片添加好友

图 5.8　扫描本地二维码名片添加好友

5.3 附近的人

“查看附近的人”可以帮助你找到人周围正在使用微信的人，使用“附近的人”功能需要用户打开手机的 GPS 定位或者数据服务，以获得其位置信息。

在微信主界面上选择“发现”，然后点击“附近的人”就可以查看你周围正在使用微信的人。使用“附近的人”功能时，软件会弹出提示，告知使用此功能时你的位置信息也会被别人看到，点击“确定”即可进入“附近的人”。操作步骤如图 5.9 所示。

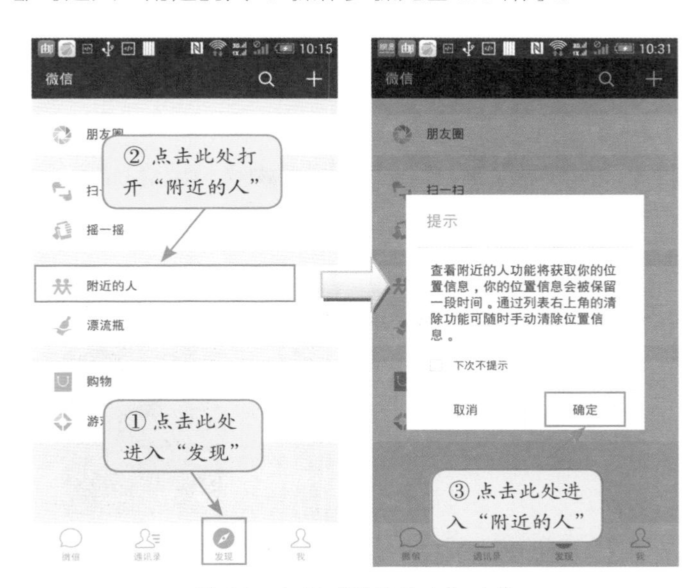

图 5.9　打开“附近的人”功能

启动“附近的人”功能后，软件会自动搜索附近正在使用微信的人，并按顺序列出，点击联系人头像可查看该联系人的详细信息，点击“打招呼”可将对方添加为好友，如图 5.10 所示。

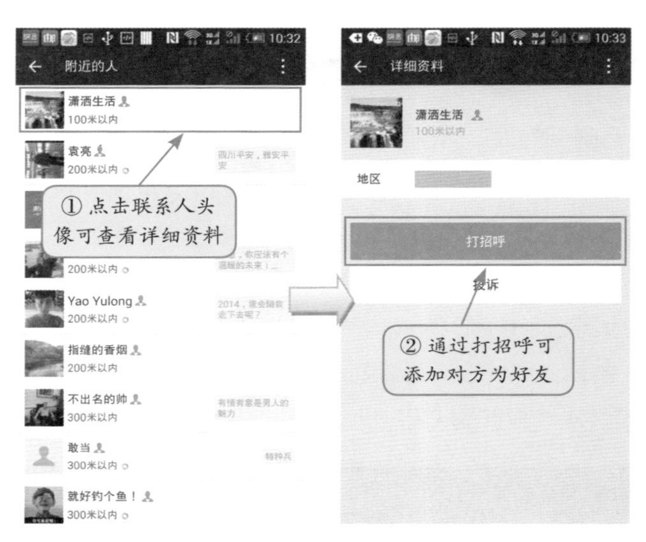

图 5.10 查看附近的人与通过打招呼添加好友

点击界面右上角的⋮，可以选择查看范围，也可以清除自己的位置信息，如图 5.11 所示。

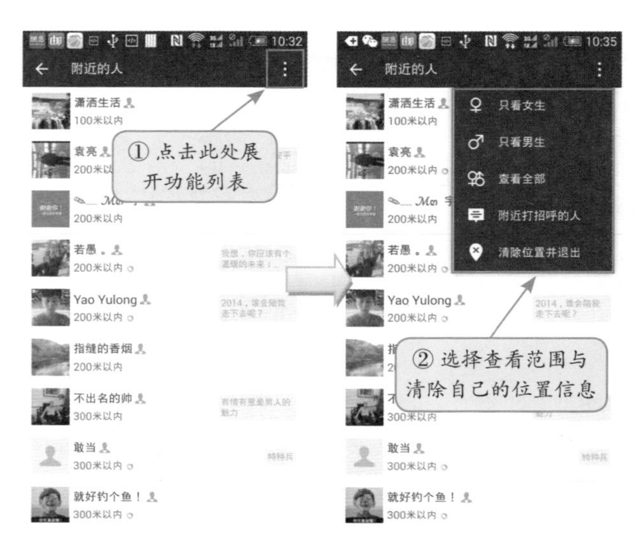

图 5.11 选择查看范围与清除自己的位置信息

5.4 微信“摇一摇”

微信从其 3.0 版本开始加入“摇一摇”功能。随后“摇一摇”凭借其可玩性成为一个新的微信用户增长点，每天的微信用户摇一摇数量达数亿次。本节主要介绍微信摇一摇的两个功能：摇一摇找朋友和摇一摇搜歌。

5.4.1 摇一摇找朋友

现在朋友们见面时要交换联系方式，再也不用相互询问手机或 QQ 号码了，微信摇一摇找朋友已经成为当下最流行的方式。所以，在公共场合见到人们猛摇手机不要惊奇哦！

（1）打开微信主界面依次点击“发现”→“摇一摇”即可进入摇一摇的界面，如图 5.12 所示。

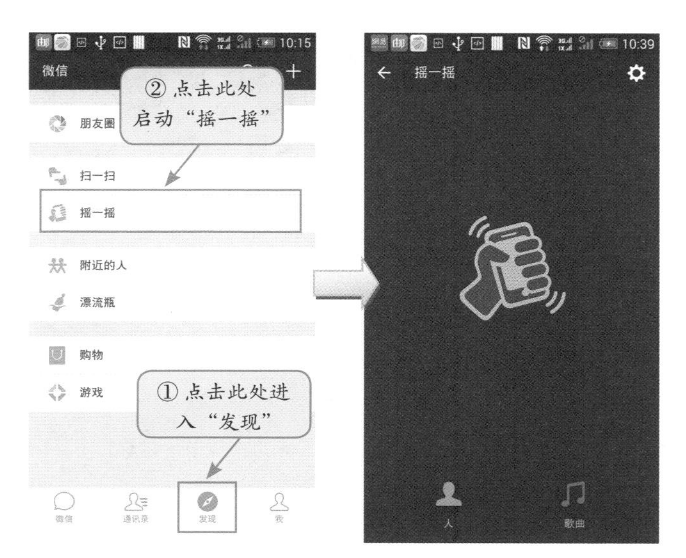

图 5.12 打开“摇一摇”功能

（2）拿起手机摇晃，此时微信发出来福枪的咔咔声，并会自动为您寻找同时也在摇晃手机的其他用户，然后显示出来，如图 5.13 所示。

图 5.13　查看同时“摇一摇”的人

（3）点击联系人头像后可打开该联系人的“详细资料”，通过“打招呼”可添加对方为好友，如图 5.14 所示。

（4）在“摇一摇”界面上点击右上角的⚙打开设置界面后，点击“摇到的历史”，可以查看早前摇到的人，如图 5.15 所示。

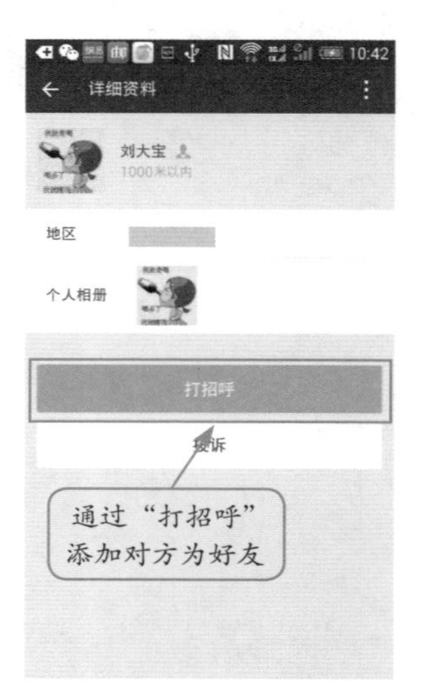

图 5.14　通过“打招呼”添加对方为好友

图 5.15 查看“摇一摇”历史记录

5.4.2 摇一摇搜歌

走在熙熙攘攘的街道上，商店里传来一首老歌，非常熟悉的旋律与你产生共鸣，却想不起来这首歌的歌名是什么？恰好又没人询问，此时微信的摇一摇搜歌就可以帮忙啦！通过“摇一摇”搜歌功能可以将听到的歌“摇”到手机里。

下面介绍一下“摇一摇”搜歌的具体用法。

（1）打开摇一摇的界面，然后点击右下角的“歌曲”按钮🎵，即可打开“摇一摇搜歌”功能，如图5.16所示。

图 5.16 开启“摇一摇搜歌”功能

（2）此时如果用户摇动手机，微信就会立刻识别通过手机话筒“听”到的歌曲。在这里演示用电脑播放一首筷子兄弟演唱的《小苹果》，如图 5.17 所示。几秒钟后，微信即可识别出歌曲的歌名、专辑、演唱者、原唱等信息，并根据识别同步显示歌词，如图 5.18 所示。

图 5.17　电脑正在播放的歌曲

（3）此时点击界面下方的播放按钮，微信会自动从 QQ 音乐库里下载音乐并在手机里播放，点击右上角的分享按钮可以分享到微信的“朋友圈”、发送给微信好友、在 QQ 音乐中打开、收藏等，如图 5.19 所示。

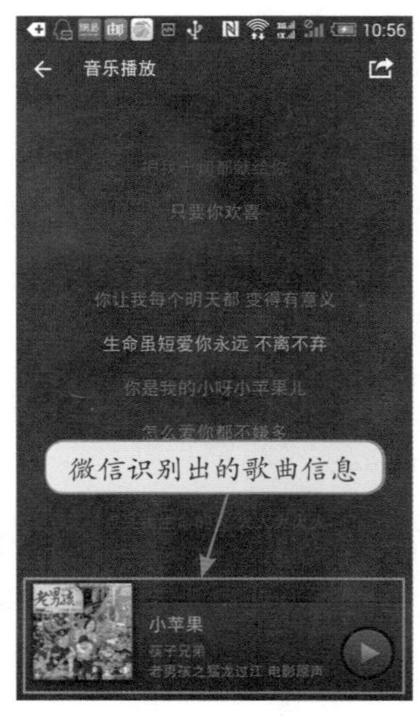

图 5.18　微信识别出来的歌曲信息

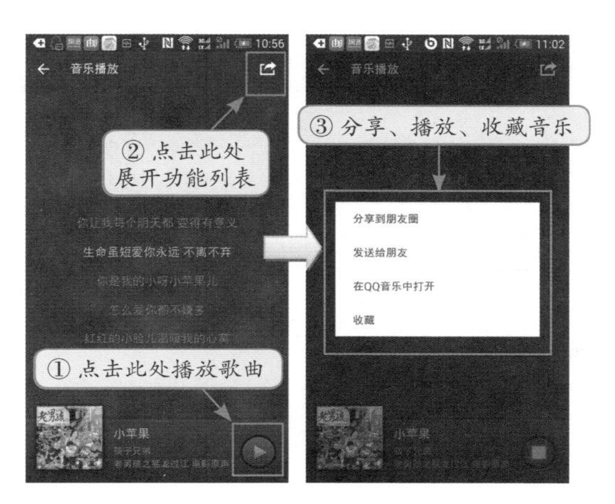

图 5.19　播放、分享、收藏歌曲

5.4.3　摇一摇其他设置

点击摇一摇界面右上角的设置按钮⚙，则弹出摇一摇的所有可用设置，如图 5.20 所示，用户可以根据提示及个人喜好完成这些设置，这里不再详述。

图 5.20　“摇一摇”设置

5.5 缘分的漂流瓶

漂流瓶是微信里极具吸引力的功能。它将浩瀚的网络比作大海，每个用户都可以将自己想说的话以语音或者文字的形式装在漂流瓶里扔向网络的“大海”，每个人也可以从“大海”里捡取他人扔出的瓶子，并打开查看里面的内容，选择回复，形成互动。本节详细介绍微信漂流瓶的使用。

5.5.1 漂流瓶设置

（1）在微信的主界面点击“发现”，然后选择“漂流瓶”即可进入漂流瓶界面，如图 5.21 所示。

图 5.21 进入微信“漂流瓶”

（2）第一次玩漂流瓶时需要设置漂流瓶头像，点击右上角的 进入“设置界面”，点击“设置我的漂流瓶头像”，可以选择“拍照”或者“选择本地图片”设置为漂流瓶的头像，如图 5.22 所示。

图 5.22 设置“漂流瓶”头像

5.5.2 扔瓶子

（1）在图 5.23 左图所示的漂流瓶主界面点击“扔一个”，出现编辑瓶子界面，如图 5.23 右图所示，在编辑界面你可以选择“输入文字”或者“输入语音”。

图 5.23 扔瓶子

（2）扔语音瓶。长按“按住说话”按钮开始讲话，讲完成后释放该按钮，刚刚说的话就会被装到瓶子里扔向大海，如图 5.24 所示。

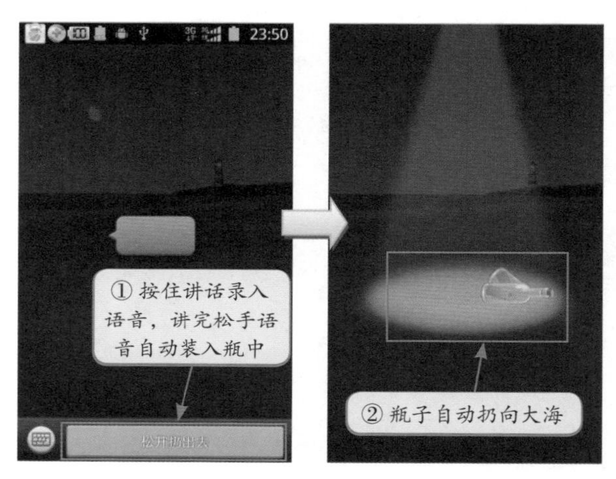

图 5.24　扔语音瓶

（3）扔文字瓶。点击“键盘”，输入文字，然后点击“扔出去”按钮，文字会自动装入瓶中并扔向大海，如图 5.25 所示。

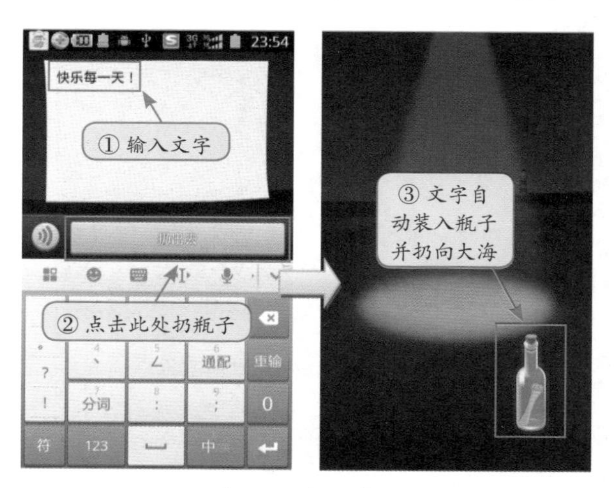

图 5.25　扔文字瓶

5.5.3 捡瓶子

（1）点击“捡一个”，软件即会自动从大海里捡一个瓶子上来，如图 5.26 所示。

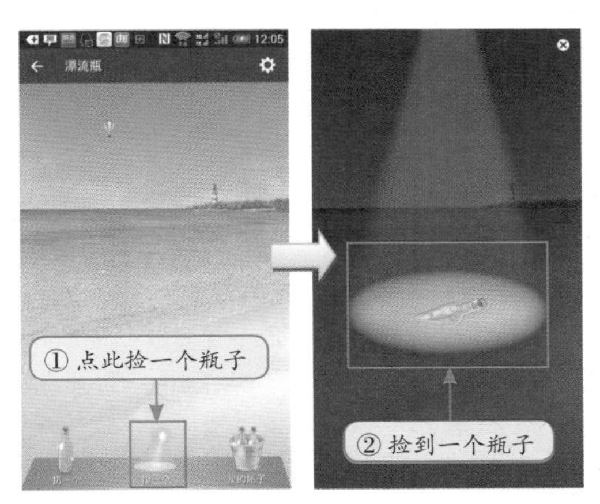

图 5.26　捡一个瓶子

（2）点击“打开瓶子”可以查看瓶子信息，你可以选择“扔回海里”或者“回应”，如图 5.27 所示。

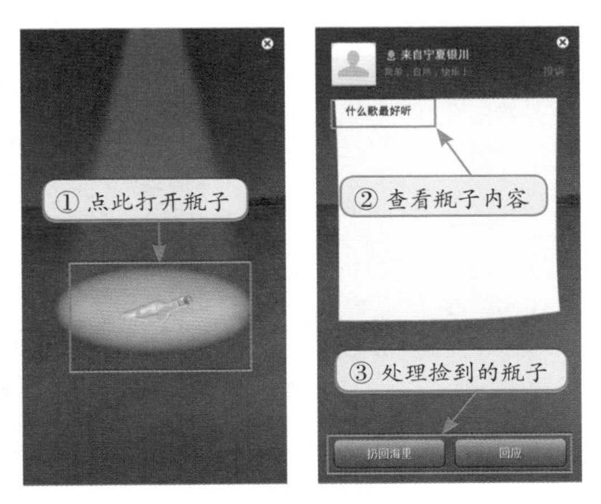

图 5.27　查看与处理捡到的文字瓶

（3）有时候捡到的瓶子是语音信息，如图 5.28 所示，点击蓝色信息框可以播放其中的语音，听完后读者可以选择“扔回海里”或者“回应”。

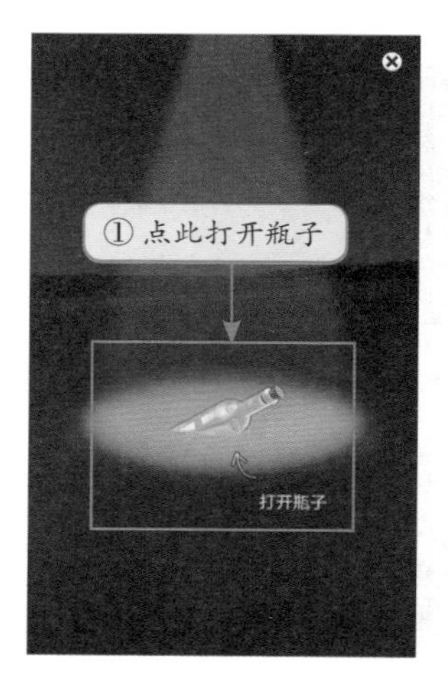

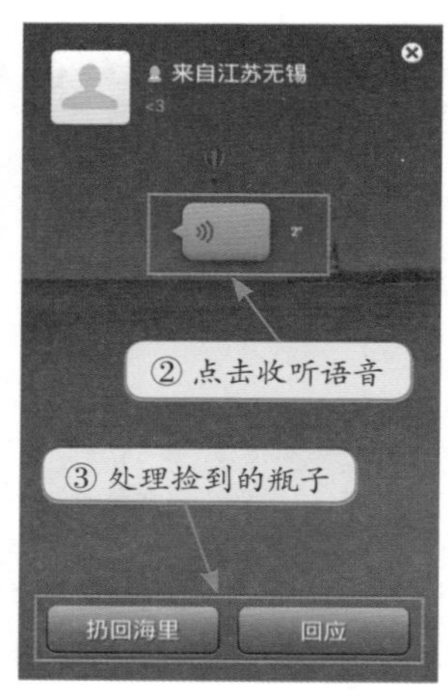

图 5.28 查看与处理捡到的语音瓶

（4）捡瓶子时更多的时候是捞不到瓶子的，捞上来的只是一只海星，如图 5.29 所示。

（5）微信对用户每天捡瓶子、扔瓶子的数量作了限制，每人每天捡取瓶子和扔瓶子的数量分别不能超过 20 个，用完后只能等待下一天再继续，如果超过会收到提示，如图 5.30 所示。

图 5.29 捡到一只大海星

图 5.30 捡瓶子的数量达到当日上限

5.5.4 查看我的瓶子

在漂流瓶界面点击"我的瓶子"可以查看和管理自己已经捡到的和自己曾经扔出去并被他人回复的瓶子列表，点击其中的某个列表可以进入聊天，如图 5.31 所示。

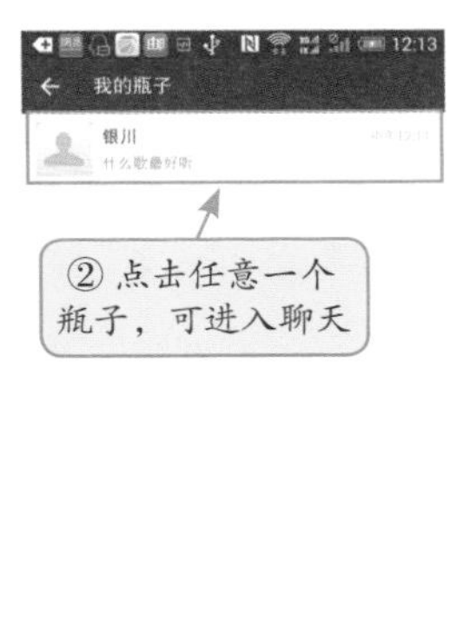

图 5.31 查看"我的瓶子"

第 6 章 微信聊天

作为一款手机通信软件，聊天是微信的基础功能，但是作为网络的新宠儿，微信的聊天又有许多新的特色，带给人们新的体验。自发布以来，从刚刚开始只支持文字、图片等简单的发送，到支持视频通话、实时对讲等功能，微信极大地提高了聊天的实用性和有趣性。本章主要介绍微信聊天相关的功能。

6.1 聊天

6.1.1 发起聊天

不管是从通讯录，还是漂流瓶、摇一摇等功能都可以进入聊天界面，从通讯录发起聊天非常简单，下面我们以发起和“披着羊皮的狼”聊天为例给大家讲述具体的操作过程，如图 6.1 所示。

点击微信主界面的“通讯录”，找到“披着羊皮的狼”，点击此联系人，此时会弹出此联系人的详细资料，在此联系人的“详细资料”页面上有一个“发消息”按钮，点击它即可进入与此联系人的聊天界面。

在聊天界面屏幕的下方有两个按钮和一个信息输入框。两个按钮分别为对讲机按钮 和添加按钮 +，点击 即可发送语音消息，

点击 + 可以发送表情等多媒体文件。关于这两种输入方式将在后续章节中给大家做详细介绍。直接点击信息输入框则是输入文本。

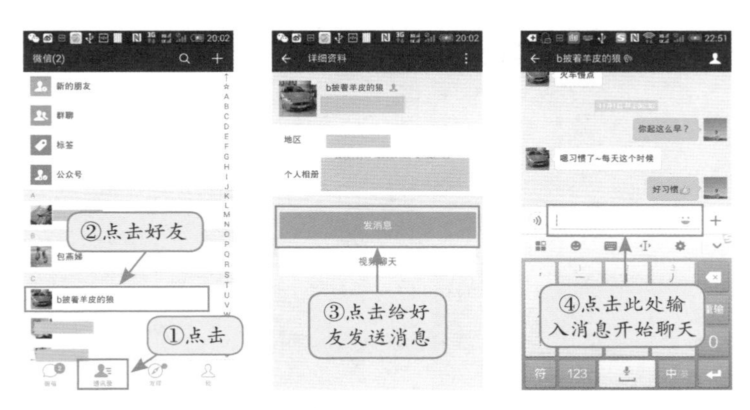

图 6.1 选择一个联系人开始聊天

6.1.2 发送文本消息

在聊天界面里直接点击文本输入框即可以发送文本信息给好友，如图 6.2 所示。

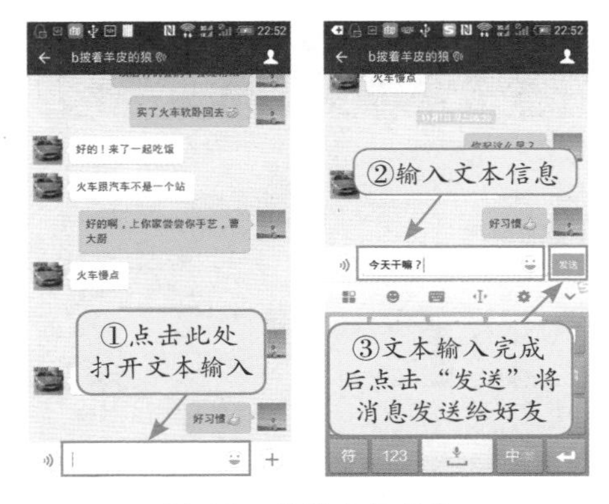

图 6.2 发送文本信息

如果当前状态为发送语音的状态，点击即可切换到文本输入状态，如图 6.3 所示。

图 6.3　从发送语音状态切换到发送文本状态

6.1.3　发送语音信息

快捷的语音消息是微信的特色功能之一，发送语音消息的操作也非常简单，点击切换到语音输入状态，按住“按住说话”按钮开始说话，松开之后即可将此条语音消息发送给好友，此操作过程如图 6.4 所示。

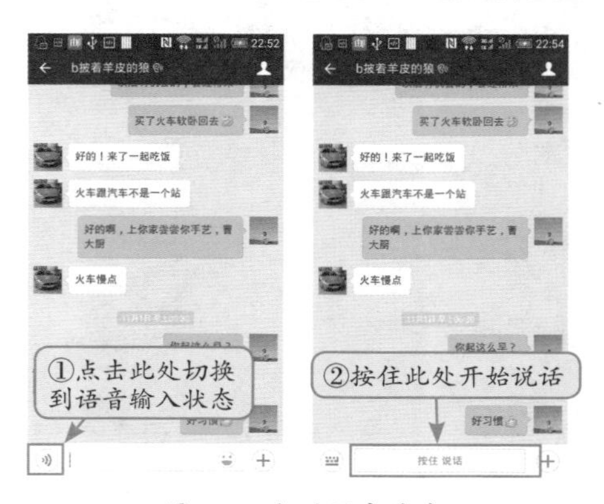

图 6.4　发送语音消息

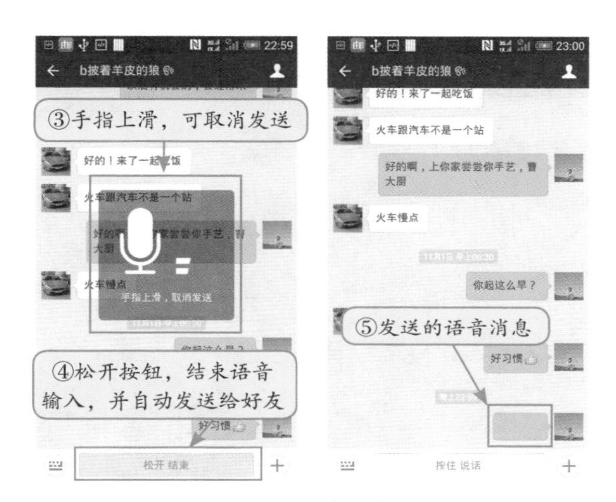

图 6.4 发送语音消息（续）

6.1.4 发送表情信息

微信自带了非常丰富的表情，增加了聊天的趣味性和可玩性，下面介绍如何使用微信发送表情并利用表情玩游戏。

1. 发送表情

（1）在聊天界面点击☺，即可进入表情选择界面。

（2）微信可以发送 QQ 表情、兔斯基表情、收藏的表情等，点击最下面的标签可以在它们之间切换。例如，在这里选择“QQ 表情”。

（3）在每类表情中，可以左右拖动屏幕选择自己需要的表情，然后点击完成输入。如果输入了错误的表情，可以点击表情右下方的退格按钮 ✕ 删除刚刚输入的表情。

上述操作如图 6.5 所示。

微信 6.0 中表情的分类与之前版本稍有差别，具体如图 6.6 所示。特别要说明的是微信6.0 新增了表情商店，可进入表情商店购买表情。

图 6.5　发送表情

图 6.6　微信 6.0 版本中的表情分类

图 6.6　微信 6.0 版本中的表情分类（续）

表情商店中提供了一些免费表情，点击即可下载，下载完成后，在表情列表里会多出一组表情列表，该组表情即为刚才从表情商店下载的免费表情。选择一个表情，点击即可发送，如图 6.7 所示。

图 6.7　下载与使用表情商店中的免费表情

收费表情需要先购买才能使用，进入表情商店后，点击表情可进入表情介绍，在这里可以预览该组表情里所包含的所有表情。点击购买软件会自动弹出交易确认界面，点击“支付”后软件会自动进入支付界面，输入支付密码并点击“支付”。支付完成后软件自动开始下载购买的表情，下载完成后在表情列表中会新增一组刚才购买的表情，点击表情即可发送，图 6.8 所示。支付功能是微信 5.0 新增的功能，6.0 版本对支付功能进行了完善，关于支付功能详细操作请参考本书第 9 章。

图 6.8 购买表情

提示：此处购买或者下载的表情只能在安卓设备上使用，如果要在其他系统的设备上使用，需要重新下载或购买。

2. 玩石头剪子布和投骰子

微信的一个非常有趣的玩法就是可以通过聊天界面来玩石头剪刀布或者投骰子，目前石头剪刀布和投骰子动画表情只支持手机版微信，网页版无法使用。玩游戏的具体操作如下。

在微信的聊天界面点击☺，在“收藏的表情”中点击“石头剪刀布”表情，即可进行该动画表情的发送。这时，该表情开始循环显示剪刀、石头和布，最后随机停留在某一个手势状态。等待对方也发来“石头剪刀布”动画并播放完动画后，即可分出胜负，如图 6.9 所示。

玩投骰子的效果如图 6.10 所示，玩法与玩石头剪刀布是一样的，此处不再赘述。

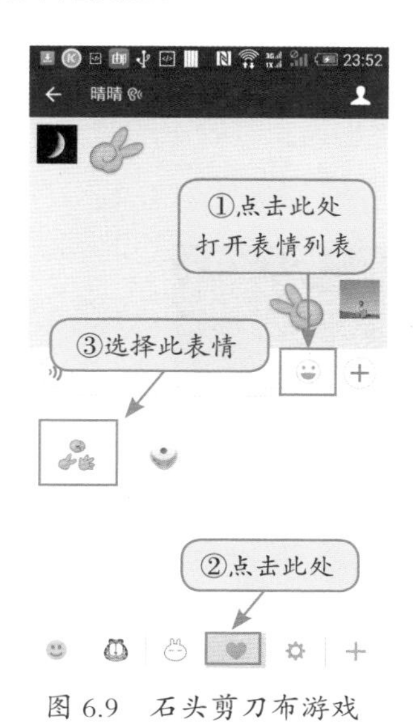

图 6.9　石头剪刀布游戏

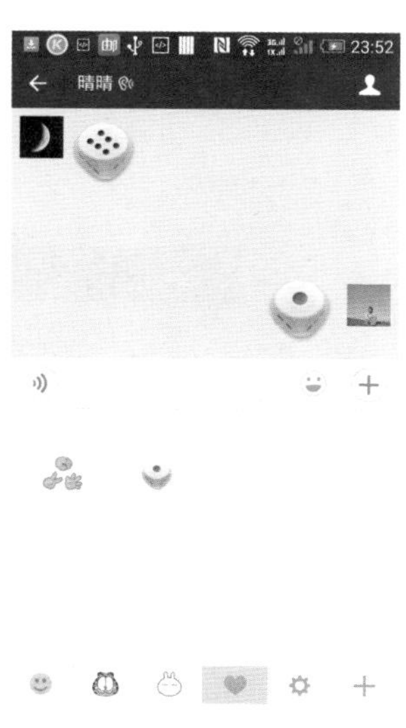

图 6.10　投骰子游戏

微信只是给大家提供一个移动设备上玩乐的平台，读者可以基于石头剪刀布和投骰子演绎出很多有意思的游戏。比如，有人利用石头剪刀布玩真心话大冒险，输了的人必须如实地回答对方提出的一个问题。

6.1.5 发送图片信息

微信支持图片信息发送。图片信息既可以是存储在手机上的照片，也可以是用手机摄像头现拍的照片，操作步骤如图 6.11 所示。

图 6.11　发送图片信息

6.1.6 发送小视频

小视频功能是微信 6.0 中新增的一个特色功能，可以发送不超过 6 秒的视频。点击 + 打开多媒体选择对话框后选择“小视频”即可进行小视频拍摄，按住“按住拍”按钮后开始 6 秒倒计时，计时结束后微信会将拍摄完成的小视频发送给对方，如图 6.12 所示。

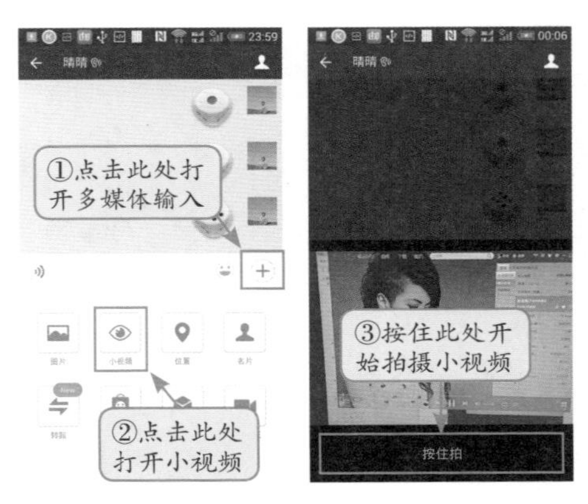

图 6.12　发送小视频

6.1.7 共享自己的位置信息给好友

通过微信可以方便地与好友共享自己的位置信息。在微信 6.0 中，有两种共享方式：一种是直接将自己当前的位置信息发送给好友，好友可以根据此信息进行定位与导航；另一种是将自己的位置信息与好友进行实时共享，在此种方式中，双方可以进行实时对讲。共享自己位置信息的具体操作步骤如图 6.13 所示。

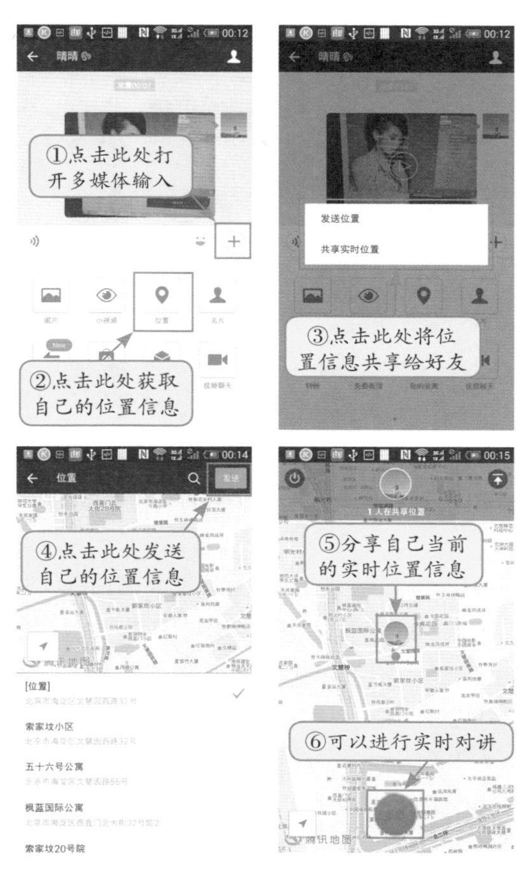

图 6.13 共享位置信息

6.1.8 发送名片给好友

通过微信的“名片”发送功能可以方便地和你的好友共享联系人信息，具体操作步骤如图 6.14 所示。先点击+打开多媒体选项，选择“名片”，然后选择要发送的联系人，点击“发送”即可。

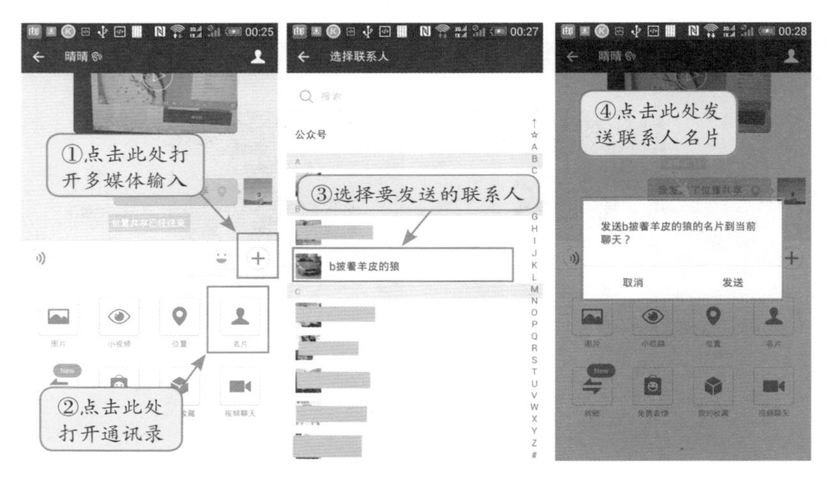

图 6.14 发送名片信息

6.1.9 实时对讲机

从 4.5 版本开始，微信增加了语音聊天室功能，其功能与真实的对讲机极为相似。而且微信语音室相对于真实的对讲机还有成本低、使用范围广和不受距离限制等优点。

1. 启动实时对讲

在聊天界面中，选择点击+打开多媒体输入界面，翻到第二页选择“实时对讲”，如图 6.15 左图所示，此时会进入实时对讲准备界面，如图 6.15 右图所示。

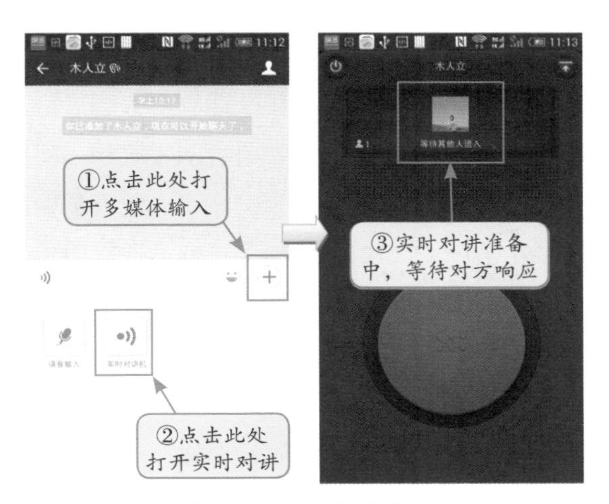

图 6.15　启动实时对讲

对方会收到你开启实时对讲的消息，如果对方也开启实时对讲，那么对方的头像会显示在你的实时对讲列表中，如图 6.16 左图所示。此时，按住实时对讲按钮，当对讲指示灯亮起，并且对讲列表中显示“说话中……”时，即可开始说话，并且对方就能实时听到，如图 6.16 右图所示。

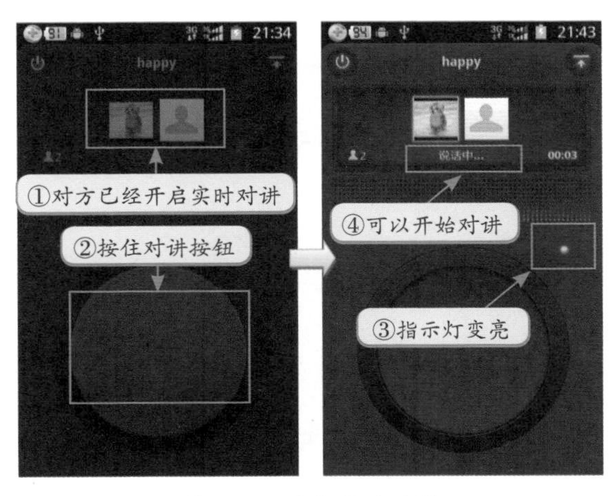

图 6.16　进行实时对讲

2. 建立多人聊天

利用微信的实时对讲功能，还可以建立多人聊天室。多人聊天室是一项极为实用的功能，比如同学聚会前大家想一起商量聚会地点和时间时就可以组建一个语音聊天室，每人发表意见时大家都可以听见，无需像从前一样由组织者挨个打电话征求每个人意见然后再挨个通知大家聚会的时间和地点。

再如，车队行驶途中也可以组建语音聊天室，一个人说话其他司机都可以听到，并且对讲功能不受距离限制，只要有手机信号即可收发语音。

建立多人聊天的详细步骤如下：在聊天界面上点击右上角的人形按钮，然后在弹出的“聊天信息”界面里点击加人按钮，然后在你的通讯录中选择你要添加的联系人，添加完成后就可以实现群聊了。此过程操作步骤如图 6.17 所示。

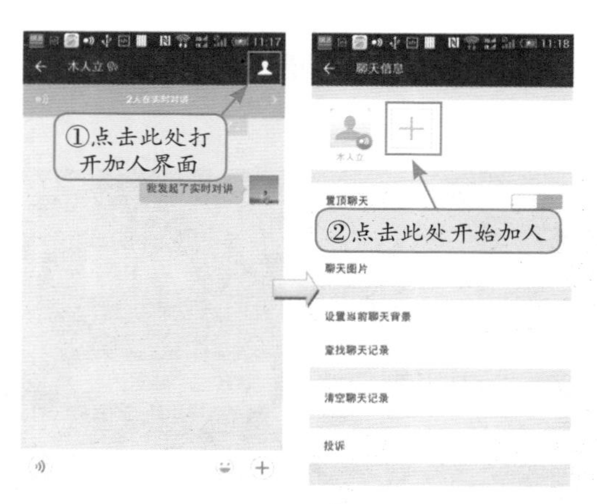

图 6.17 建立多人聊天

3. 离开实时对讲界面

在实时对讲过程中，点击界面右上角的离开按钮或者手机的返回按钮可以离开实时对讲界面，但是不退出实时聊天。点击聊天界面上方“2 人在实时对讲”的提示条可以返回实时对讲界面，如图 6.18 所示。

图 6.18　离开实时对讲界面

即使现在退出微信也可以听到群里其他人的语音（实时对讲在后台运行），此时在手机的通知区域点击“实时对讲”即可再次回到实时对讲界面。这样手机真正意义上成为了一个对讲机，如图 6.19 所示。

图 6.19　退出微信界面后返回实时对讲

4. 退出实时对讲

如果你想退出实时对讲，点击左上角的按钮，然后在弹出的菜单中选择“退出实时对讲”即可，如图 6.20 所示。

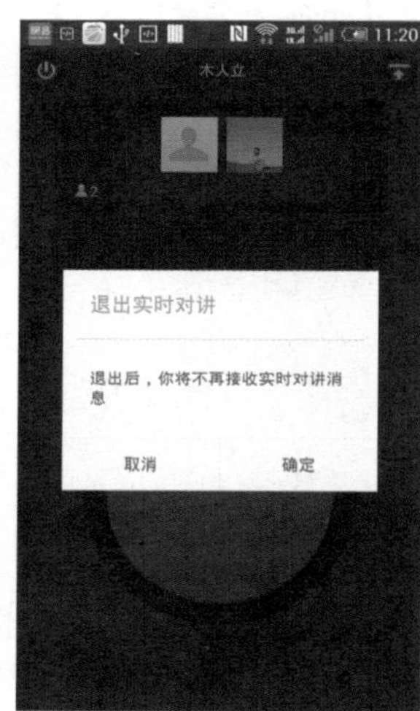

图 6.20 退出实时对讲

注意：此处的实时对讲与微信的普通对讲功能不一样，对讲功能是讲话完成后松开按钮才发送语音，而实时对讲的语音则是实时的。

6.1.10 视频通话

视频通话是自微信 4.2 版本加入的功能，用户通过该功能可以实现面对面交流，看到他 / 她真实的表情和状态。

建立视频通话的步骤如下：

（1）在与对方的聊天界面点击添加按钮+，然后选择“视频通话”，再选择“发起视频聊天”，如图 6.21 所示。

图 6.21　发起视频聊天

（2）当对方点击“接受”时，即可进入如图 6.22 所示的视频通话界面，如果网络信号不是特别理想，可以切换到“语音聊天”模式。

图 6.22　视频通话界面

6.2 消息的转发与收藏

长按消息，在弹出的菜单中可以选择“复制”、“转发”、“收藏”等操作，如图 6.23 所示。

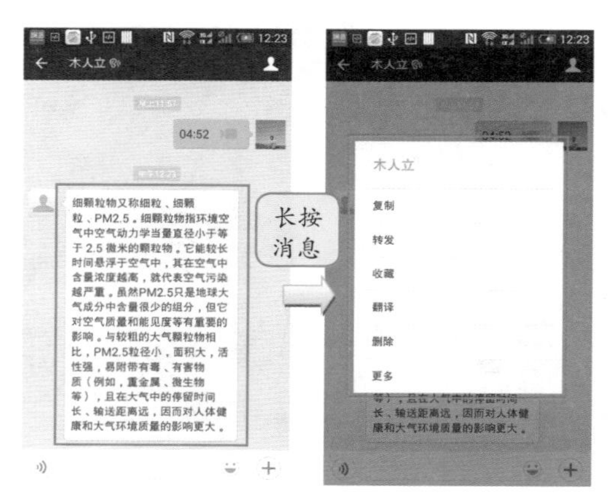

图 6.23 长按消息进行高级操作

如果选择了“复制”，则在文本输入框中长按，可进行粘贴操作，如图 6.24 所示。

图 6.24 复制消息后进行粘贴

如果选择了“转发”，则会自动进入“通讯录”，选择要转发的对象，例如我们这里转发给“木人立”，此时会弹出确认对话框，选择“确定”即可完成转发，如图 6.25 所示。

图 6.25 转发消息

如果选择了“收藏”，由此消息会被收藏到“我的收藏”中，在微信主界面上点击“我”，然后选择“我的收藏”即可查看收藏的消息，如图 6.26 所示。

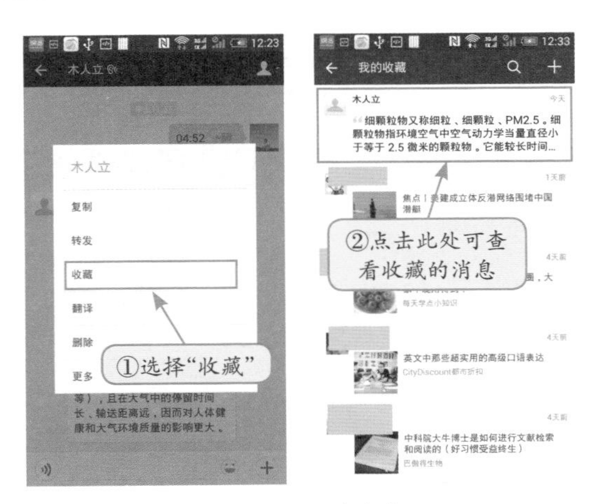

图 6.26 收藏消息

提示：在几乎所有的文字和图片上长按，都会弹出高级操作菜单。

6.3 聊天记录管理

对于聊天软件，聊天记录的管理是常用的功能。微信的聊天记录主要都保存在用户的手机上，当然用户也可以使用“聊天记录迁移”功能，暂时在服务器上备份自己的聊天记录。

下面具体介绍如何使用“聊天记录迁移”功能以及如何删除聊天记录。

6.3.1 备份聊天记录

聊天记录迁移是为了让用户临时备份自己的聊天记录而设置的功能，避免用户在为手机重装微信软件、系统重装或者更换手机时丢失以前的聊天记录。

依次点击“我”→“设置”→“聊天”→“聊天记录备份和恢复”，如图 6.27 所示。

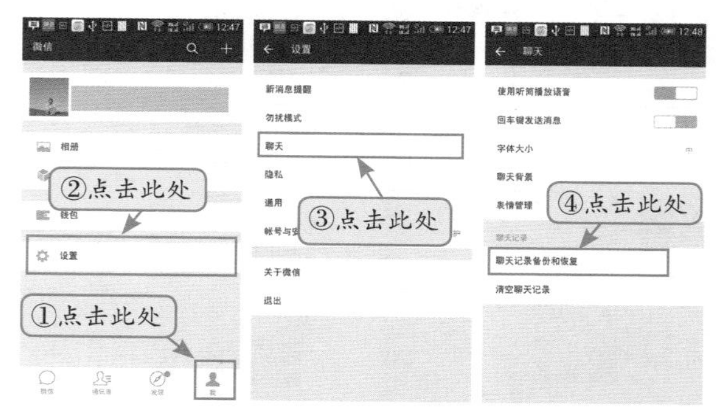

图 6.27 打开聊天记录迁移

打开“聊天记录备份与恢复”之后，点击“开始备份”，然后选择需要上传的聊天记录，点击“完成”即可以将选中的聊天记录上传到服务器，如图 6.28 所示。要注意的是，上传到服务器的聊天记录只能保存 7 天。

图 6.28 备份聊天记录

如果读者的手机不是通过 Wi-Fi 连入互联网则会弹出提示，防止用户产生大量流量，如果预计上传会消耗很多流量，读者可以在此时选择“取消”，要继续上传则选择“确定”。此时会弹出“设置密码”对话框，输入密码，如图 6.29 所示。

图 6.29 流量提醒与密码设置

如先前已经上传过聊天记录会弹出提示框，提示历史记录将被覆盖，点击“确定”，此时屏幕会显示上传进度，上传完成后点击左上角“返回”即可退出。此过程如图 6.30 所示。

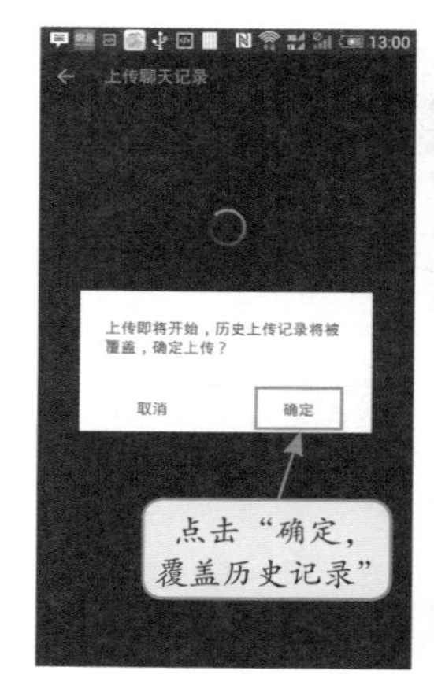

图 6.30 聊天记录上传过程

6.3.2 恢复聊天记录

备份在服务器上的聊天记录可以通过下载恢复到手机中。具体步骤如下：

依次点击“我”→“设置”→“聊天”→“聊天记录备份和恢复”，点击“开始恢复”，在弹出的界面上选择要下载的聊生记录，如图 6.31 所示。

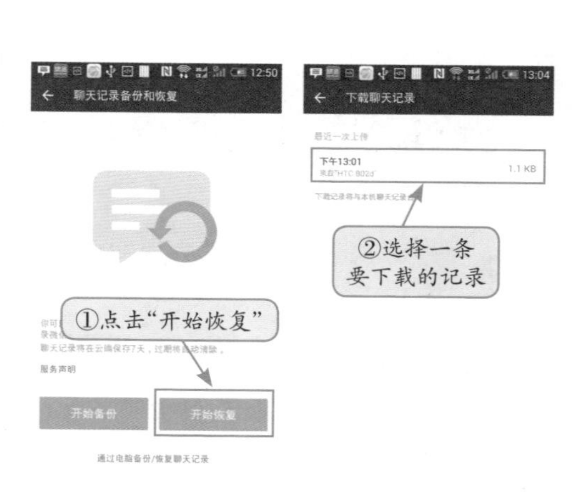

图 6.31 打开聊天记录下载页面准备下载

点击要下载的聊天记录，然后在弹出的提示界面点击“确定”按钮，输入密码，如图 6.32 所示。

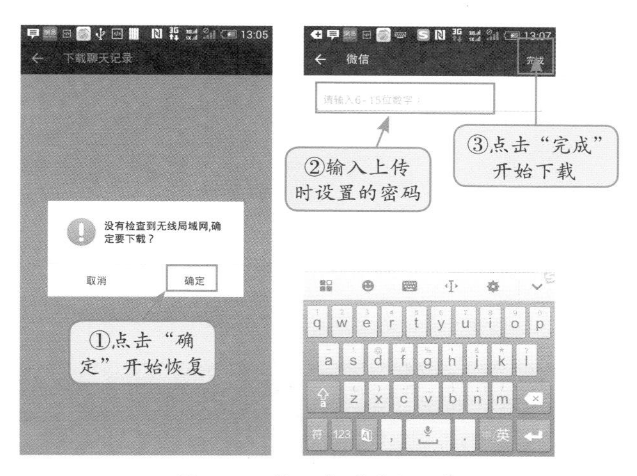

图 6.32 输入密码开始下载

下载界面如图 6.33 所示。

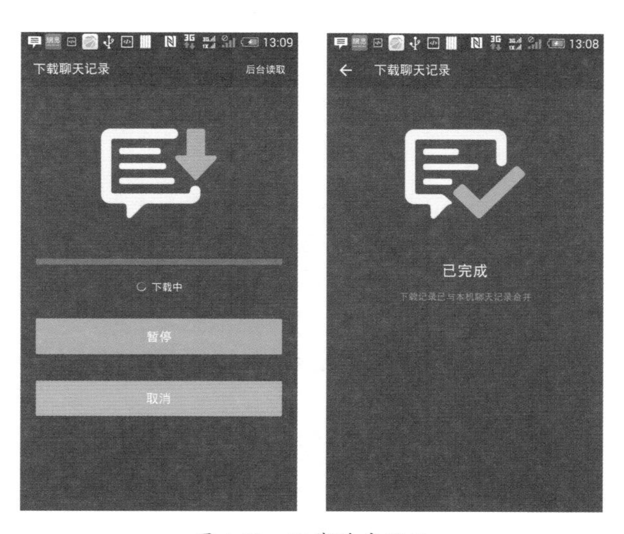

图 6.33 下载进度显示

提示：上传的聊天记录会被保存在服务器上，不过只会被保存7天，所以需要用户尽快下载。

6.3.3 聊天记录删除

1. 删除某个联系人的所有聊天记录

在微信主界面上点击“微信”，找到要删除其聊天记录的联系人，长按，然后在弹出的菜单中选择“删除该聊天”，如图6.34所示。

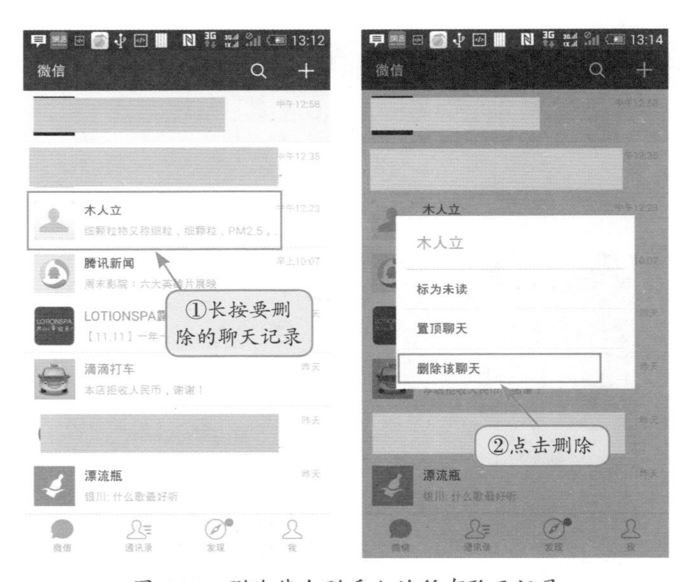

图6.34 删除某个联系人的所有聊天记录

2. 删除单条聊天记录

在聊天界面长按某条信息，然后点击“删除”，可以完成单条消息的删除，如图6.35所示。

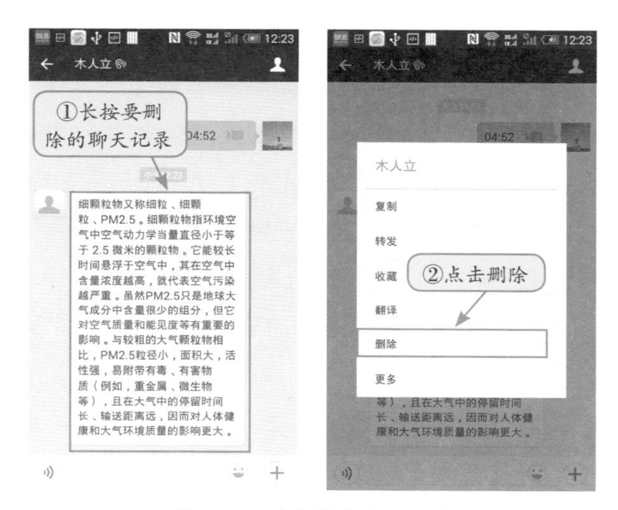

图 6.35　删除单条聊天记录

3. 清空所有聊天记录

如果想要删除所有的聊天记录，则可以从微信主界面依次选择“我”→“设置”→“聊天”→“清空聊天记录”，如图 6.36 所示。

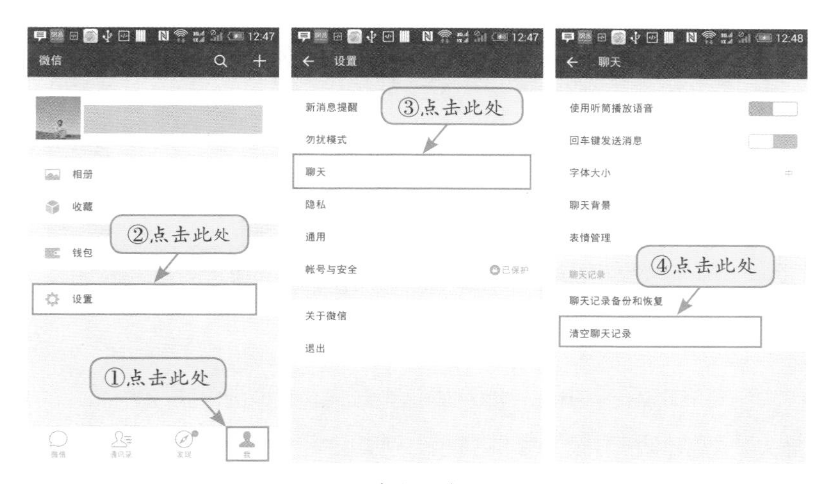

图 6.36　清空所有聊天记录

6.4 电脑上如何使用微信

虽然手机具有很强的便捷性，但输入信息的速率和方便程度远不如电脑来得方便，那么，可以在电脑上使用微信吗？答案当然是肯定的，在这一节中将向大家详细介绍如何在电脑上使用微信，以及如何在电脑和手机之间通过微信互传文件。

6.4.1 登录微信网页版

在电脑上打开网页浏览器，在网址栏输入 https://wx.qq.com/，回车打开微信网页版，然后打开手机上的微信的“扫一扫”功能，选择“二维码扫描”，对准网页中的二维码进行扫描，如图 6.37 所示。

图 6.37　打开微信网页版

扫描成功后，手机上会提示确认登录微信网页版的提示，点击“我确认登录微信网页版”完成登录，手机上会出现“正在使用微信网页版”的提示，如图 6.38 所示。

图 6.38　确认登录微信网页版

登录完成后，即可在使用微信网页版在电脑上与你的好友进行聊天了，如图 6.39 所示。使用微信网页版进行聊天时，网页上的微信和手机上的微信，内容是同步的。微信网页版的功能与操作方法与手机版微信基本类似，这里不再赘述。

图 6.39　使用微信网页版进行聊天

6.4.2 手机与电脑互传文件

微信提供了一个“文件传输助手”，可以方便地实现电脑与手机之间的文件互传，这些文件可以是文字、图片、音频、视频等。微信安装完成后，“文件传输助手”会自动添加到你的“通讯录”里。使用“文件传输助手”在电脑和手机之间传输文件十分简单。登录微信网页版后，在电脑端和手机端同时打开“文件传输助手”，即可自由进行文件传输了。图 6.40 所示为使用“文件传输助手”从手机传输一张图片到电脑示例。

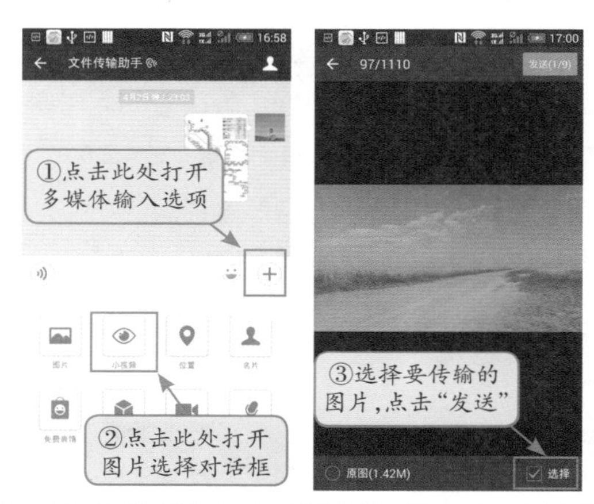

图 6.40　使用“文件传输助手”实现电脑与手机之间的文件传输

第7章 朋友圈

微信相册是自微信 4.0 版本开始加入的新功能，是用户展示自己生活的窗口。用户可以将自己相册里的照片分享到朋友圈，其他的好友也可以看到。本章带领读者玩转自己的微信相册，提高自己的朋友圈人气。

7.1 进入朋友圈查看好友状态

在微信的主界面依次选择“发现”→“朋友圈”，即可打开朋友圈查看其他友好的最近更新，如图 7.1 所示。

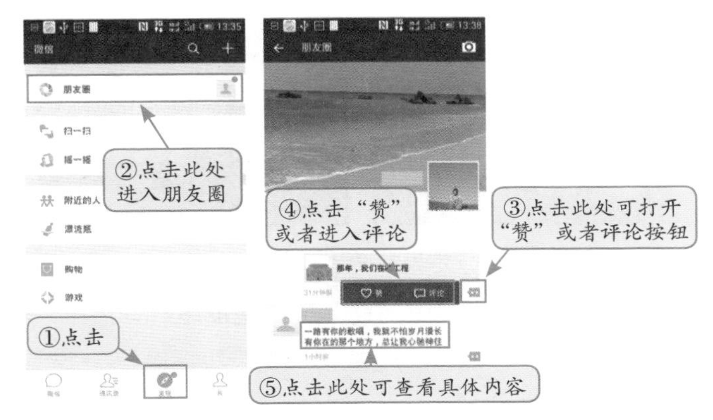

图 7.1 进入“朋友圈”查看好友状态更新

点击朋友圈中的图片可以查看大图，点击图片右下角的消息按钮，可以对图片进行赞或做出评论。此时你的赞或评论只有你自己的好友可以看到，他的好友（除非也是你的好友）是看不到你的评论的。

长按好友状态上的文字，在弹出的菜单中可以对文字进行复制或者收藏，此操作与消息的复制和收藏类似，可参考本书第 6.2 节。

对于图片，可以有两种不同的操作，在“朋友圈”主界面上长按图片，弹出的菜单是“收藏”，如果点击图片，在查看大图的状态下，长按图片弹出的菜单则是“发送给朋友”、“保存到手机”、“收藏”等，如图 7.2 所示。

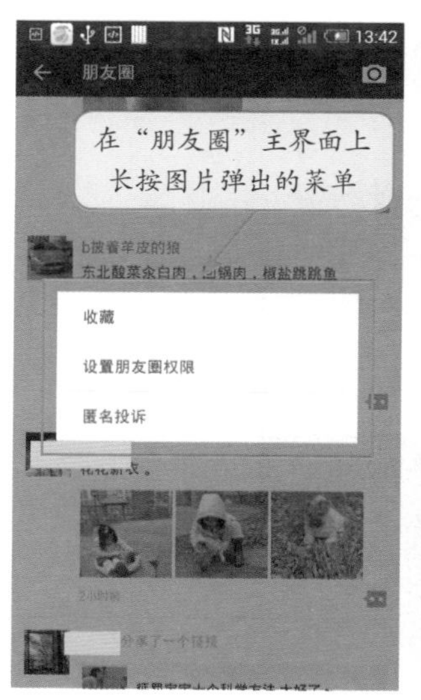

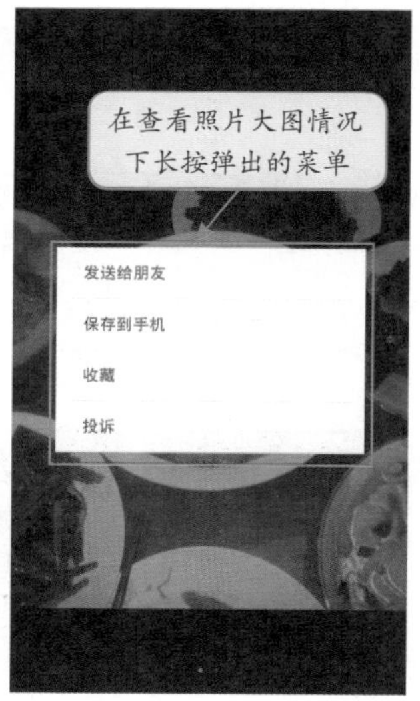

图 7.2　在“朋友圈”查看好友分享的图片

对于分享的网页链接，点击右上角的按钮打开操作菜单，可实现“发送给朋友”、“分享到朋友圈”、“收藏”等操作，操作比较简单，只要点击相应的图标按钮即可，如图 7.3 所示。

图 7.3　分享“朋友圈”中的网页链接

7.2　在朋友圈分享照片

在朋友圈界面点击右上角的照相按钮，可以选择拍照或者从手机里上传照片，如图 7.4 所示。第一次点击拍照，微信会提示关于评论的说明，如图 7.4 右图所示。

图 7.4　打开照片分享功能

点击"我知道了",出现"拍照"和"从手机相册选择"两个选项,本例中选择"拍照"。拍照成功后点击"确定",然后进入图片编辑页面,点击滤镜按钮 ,根据喜好选择相应的滤镜并点击"对勾"完成图片调整,如图 7.5 所示。

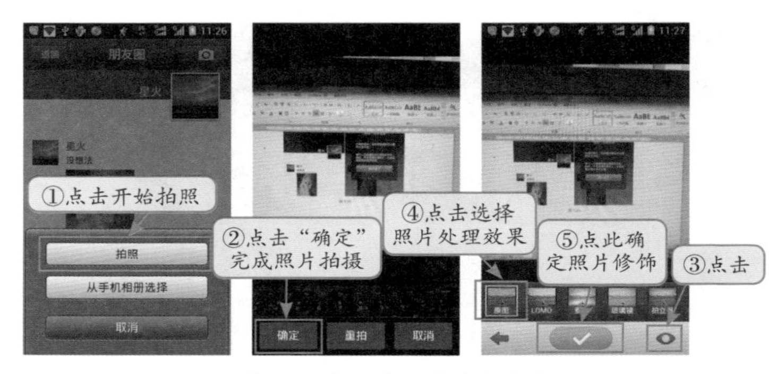

图 7.5 拍一张照片进行分享

在上一步点击完成后,会弹出图 7.6 左图所示界面,点击"这一刻的想法……"输入此时自己的心情或者对照片的描述,点击添加按钮 可以继续拍照。

当所有的设置都完成后点击右上角的"发送"按钮完成照片的发布,即可在朋友圈里看到自己刚刚发布的照片,如图 7.6 所示。

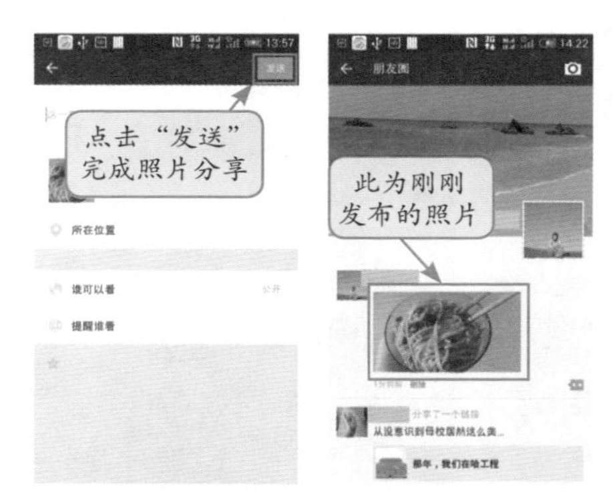

图 7.6 完成照片分享

7.2.1 编辑照片信息和可见范围

点击"可见范围"进入如图 7.7 右图所示的"照片可见范围"设置界面。此时若选择"私密"则该幅（组）照片只添加到个人相册，而不分享到朋友圈，此处以设置为"公开"为例。

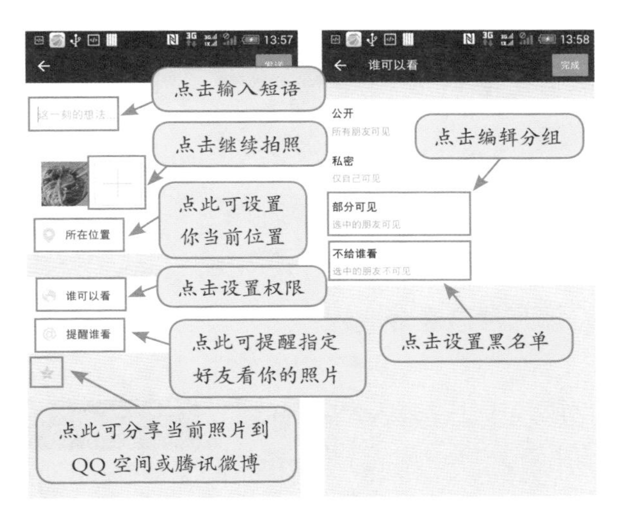

图 7.7 设置照片信息和可见范围

7.2.2 设置"黑名单"屏蔽部分好友对你照片的查看

如果你不想让部分好友看到你分享的照片，点击图 7.7 右图"不给谁看"，选择"编辑标签"，在标签编辑页中你可以对你的好友进行分组，屏蔽指定小组的好友看你的朋友圈。点击右上角的"新建"可以添加新的标签。如果选择"新建"标签，则会自动转入通讯录，选择想屏蔽的好友名单点击"确定"即可，如图 7.8 所示。

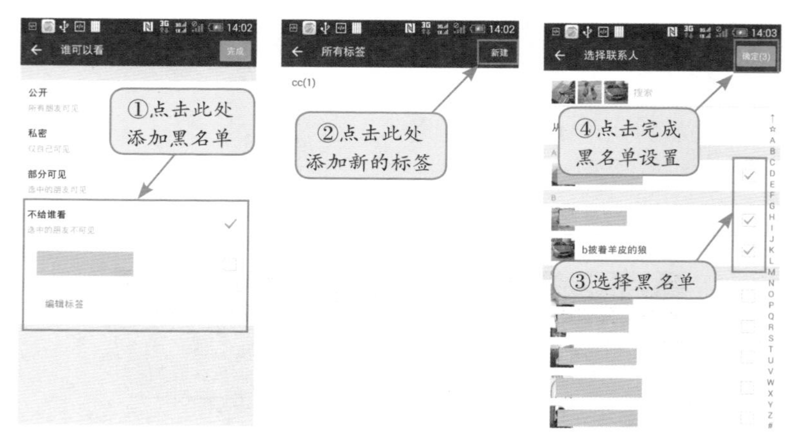

图 7.8 设置朋友圈黑名单

7.2.3 设置照片查看专属权

如果用户只想让部分人看到自己的照片，点击图 7.9 中的“部分可见”，建立自己的分组并添加人员，这样只有组内好友才可以看你的照片更新。这里的操作步骤与设置黑名单类似，这里不再赘述。

图 7.9 设置照片查看专属权

7.2.4 特别提醒某人看照片

如果用户想特别提醒某个好友看照片，可以点击“@ 提醒谁看”选择想要提醒的人，如图 7.10 所示。

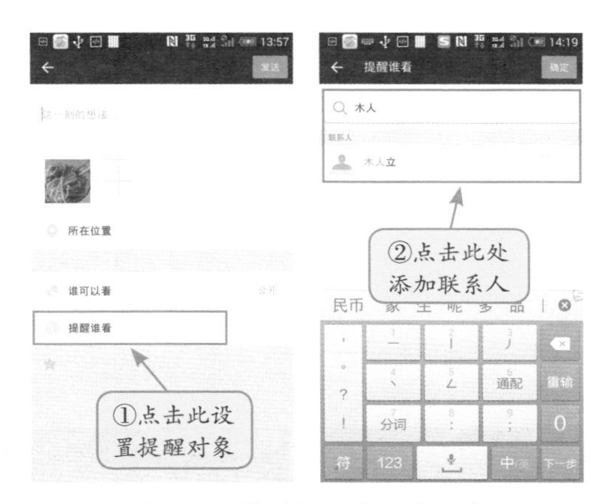

图 7.10　特别提醒某人看照片

7.3 在朋友圈发表文字状态

在朋友圈发表文字状态的方法如下：进入“朋友圈”后，长按右上角的📷，然后在弹出的对话框中输入想要发表的文字，最后点击“发送”即可。此操作过程如图 7.11 所示。

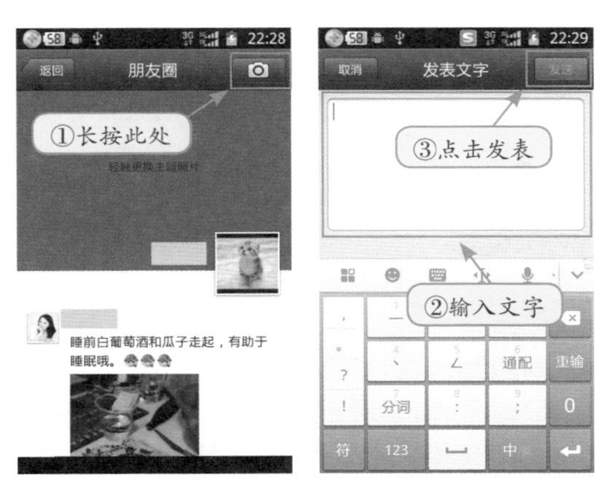

图 7.11　在朋友圈发表文字状态

7.4 分享网页链接到朋友圈

当你在浏览网页时，突然觉得非常有意思，想与你的朋友分享，那么你就可以轻松地将它们分享到你的朋友圈。下面我们以腾讯新闻为例给大家介绍如何将一个网页链接分享到朋友圈。点击右上角的分享按钮 ，选择“微信朋友圈”就可把当前网页的链接分享到朋友圈，如图 7.12 所示。

图 7.12 分享网页链接到朋友圈

7.5 分享小视频

小视频功能是微信 6.0 中新增的功能，从此，你的朋友圈可以动起来啦。进入朋友圈后点击右上角的 ，选择“小视频”，然后按住按钮进行一段 6 秒钟小视频的拍摄，视频拍摄完成后就可以进行分享了，操作过程如图 7.13 所示。

提示：小视频也可以设置朋友圈的观看权限，具体操作方法请参考本章 7.2 节。小视频的播放功能默认是打开的，如果想关闭请参考本书第 4.6.3 节相关内容。

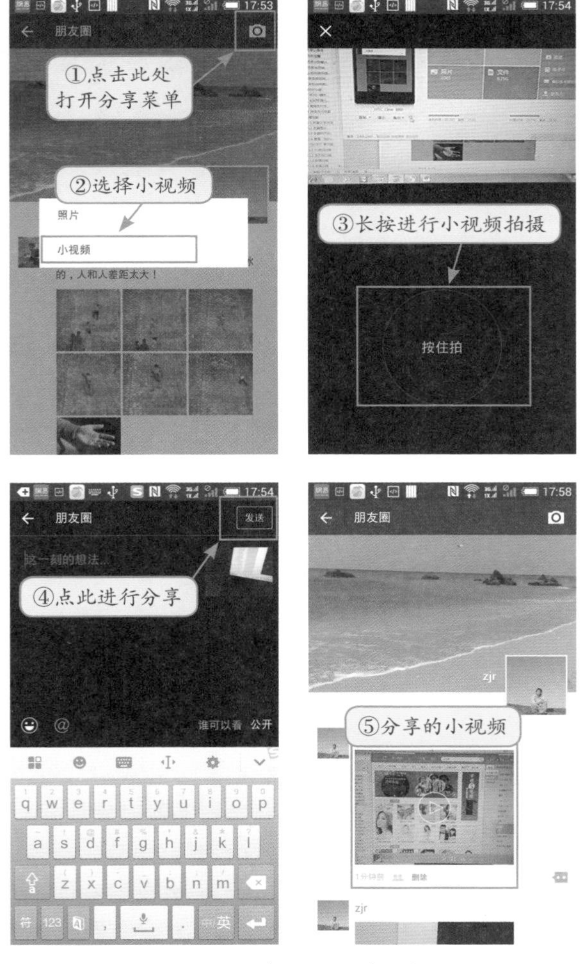

图 7.13 分享小视频到朋友圈

7.6 删除分享内容

微信朋友圈支持分享内容的撤消，点击“删除”即可完成，如图 7.14 所示。

图 7.14 删除朋友圈分享的内容

第8章 微信语音

微信 3.1 版本推出微信“语音记事本”，微信 4.5 版本推出“语音提醒”……，微信在开发历程中一直把语音功能作为微信的重点功能之一。本章将讲述微信语音相关的三个非常实用的功能：微信语音记事本、微信语音提醒和语音识别输入。

8.1 语音记事本

8.1.1 打开语音记事本

在微信的主界面依次点击“我”→“设置”→“通用”→“功能”→“语音记事本”，如图 8.1 所示。

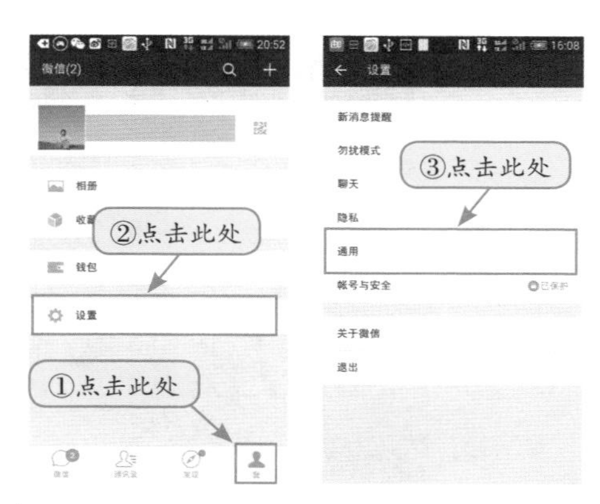

图 8.1 打开“语音记事本”

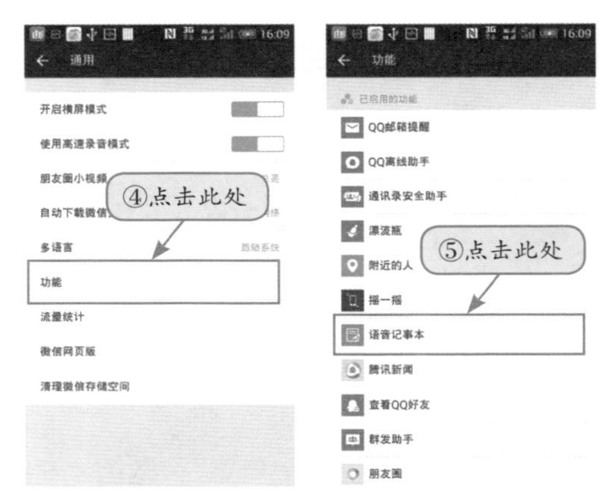

图 8.1 打开“语音记事本”（续）

8.1.2 查看语音记事本

语音记事本的界面如图 8.2 左图所示，点击“查看记事”，可打开语音记事本，如图 8.2 右图所示。此界面与聊天界面的风格一致，虽然此功能叫做“语音记事本”，但是用户可以通过聊天的形式将想要记录的事情以文字、表情、图片、语音、视频的形式进行保存。

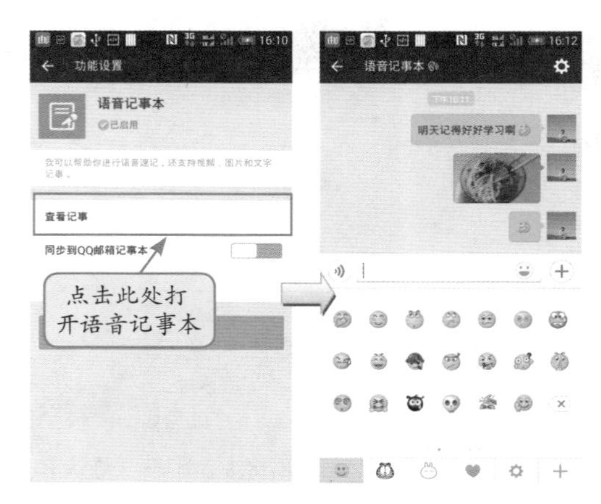

图 8.2 查看语音记事本

8.1.3 同步记事本到 QQ 邮箱

在“语音记事本”的设置界面选择“同步到 QQ 邮箱记事本”，这样语音记事本里的语音记事将在自己的 QQ 邮箱里备份，永不丢失。保存的记事除了在手机上有一份外，还会同步到 QQ 邮箱的记事本里面。打开 QQ 邮箱在左侧选择“记事本”→选择相应日期的“微信记事”→点击，就可以查看备份的记事本，如图 8.3 所示。

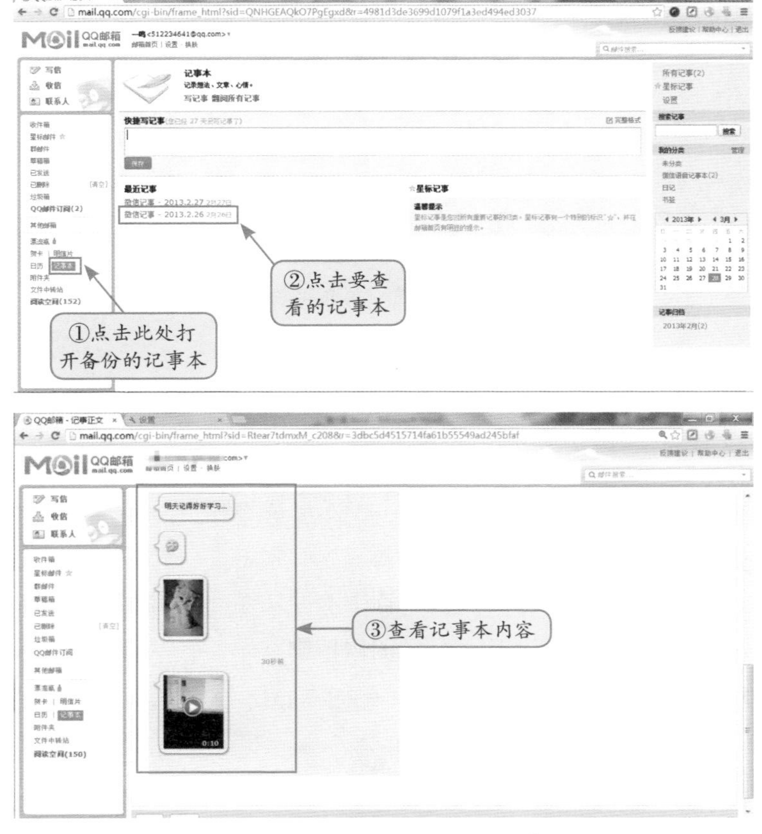

图 8.3 查看在 QQ 邮箱中备份的记事本内容

8.1.4 清空消息记录

在“语音记事本”界面点击右上角的设置按钮，再次进入语音记事本的功能设置界面，点击“清空此功能消息记录”，即可清除“语音记事本”在手机里的记录，如图 8.4 所示。

图 8.4 清空消息记录

> **提示：**此操作不会删除已经同步到 QQ 邮箱记事本的消息。

8.2 语音提醒

语音提醒是在微信 4.5 版中推出的新功能。利用语音提醒，用户只需要通过说话告诉手机什么时候提醒我做什么事情，微信会自动分析用户的讲话，并设置闹铃，到时间后在手机屏幕上通知用户。

8.2.1 打开微信“语音提醒”

在微信的主界面点击“通讯录”→“公众号”→“语音提醒”，

如图 8.5 所示。

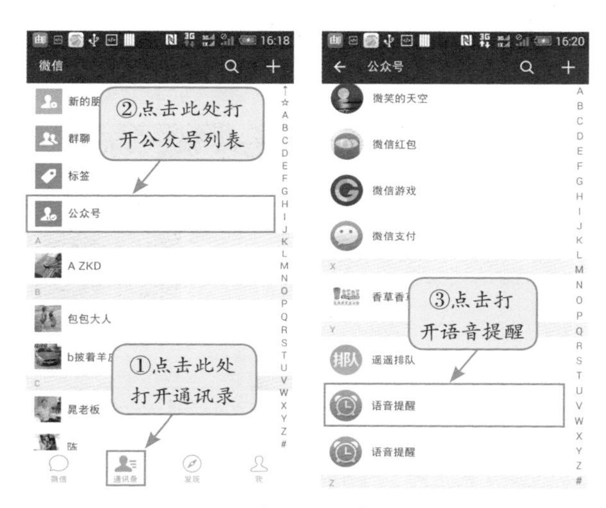

图 8.5 打开“语音提醒”

如果你的订阅号里没有“语音提醒”，可以按如下方法添加：点击右上角的 ，在搜索框中输入“语音提醒”并点击“搜索”，找到后点击它，然后点击“关注”即可，如图 8.6 所示。

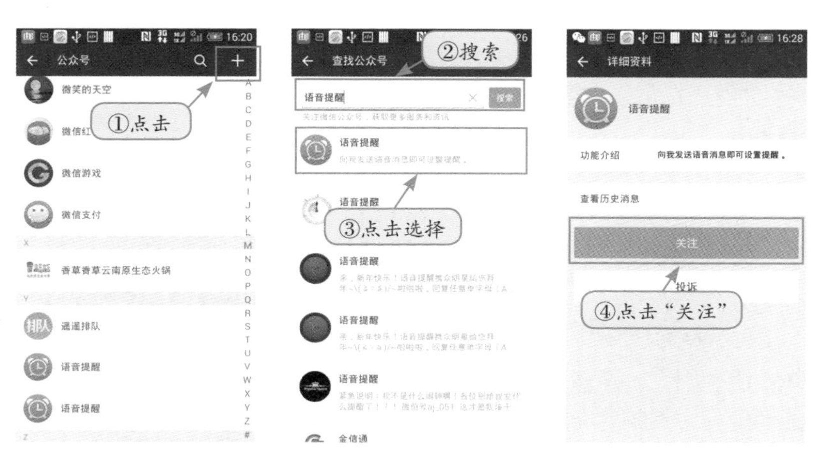

图 8.6 添加“语音提醒”公众号

点击"关注"后会弹出"语音提醒"的界面，如图 8.7 左图所示，点击右上角的⋮，可将此公众号"推荐给朋友"、"清空内容"、"添加到桌面"等，如图 8.7 右图所示。

图 8.7 "语音提醒"界面

8.2.2 使用"语音提醒"

"语音提醒"的界面如同普通的聊天界面，不过语音提醒只支持通过语音设置提醒，如果输入文字则会收到提示，如图 8.8 所示。

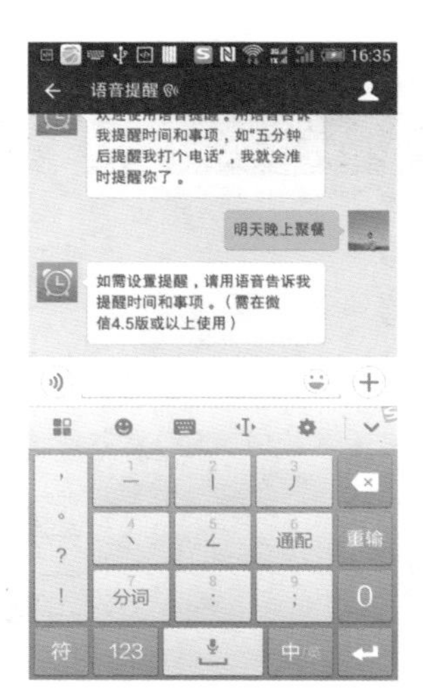

图 8.8 "语音提醒"消息界面

点击语音提醒界面的语音输入按钮 ，对着手机讲出需要提醒的话。此处作为例子，作者对着手机说"3 分钟后提醒我喝水"，如图 8.9 左图所示。说完即会听到手机的语音确认信息：

“没问题，4 点 41 分准时提醒你。”同时屏幕也有确认信息，如图 8.9 右图所示。点击播放按钮可以重听自己刚才的语音，点击删除按钮“”则删除该条提醒。

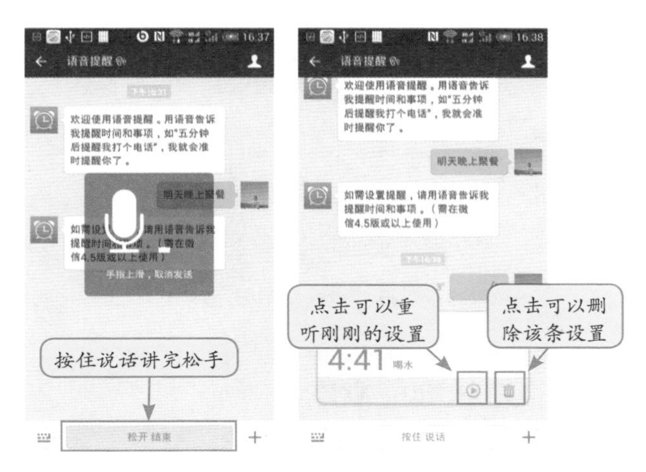

图 8.9 设置“语音提醒”

到达提醒时间后，微信即发出提醒，点击“查看”可以回听自己设定的语音，如图 8.10 所示。

8.3 语音识别输入

微信的语音识别输入，可方便地将语音转换成文字，具体操作方法如下：在微信聊天界面上点击 + 打开多媒体输入对话框→点击“语音输入”→对准手机麦克说话→文字识别成功→点击“发送”，如图 8.11 所示。

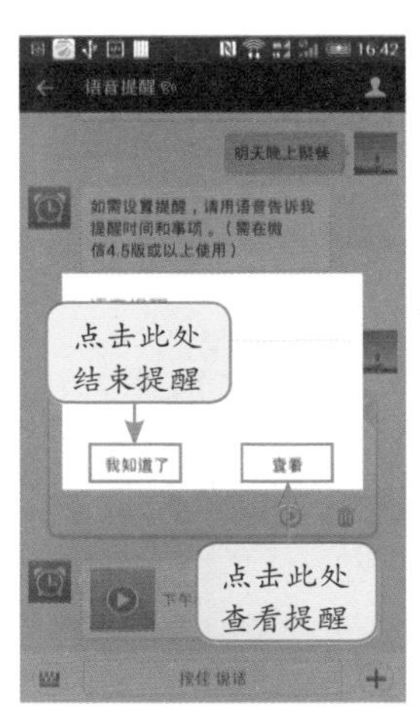

图 8.10 语音到时提醒效果

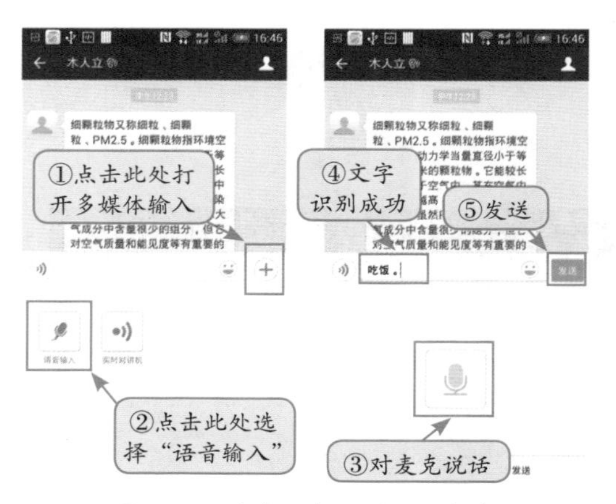

图 8.11　通过语音识别输入文字

8.4　语音消息转换成文字

在微信 6.0 中，可以将发语音消息转换成文字内容，不过目前只支持普通话。转换方法如下：在语音消息上长按，然后在弹出的菜单中选择“转换为文字”，如图 8.12 所示。

图 8.12　语音消息转换为文字

第9章 微信钱包

微信从 5.0 开始新增了支付功能，6.0 版本推出了微信钱包，使微信支付更加方便快捷。本章主要给大家介绍微信支付相关的操作。

9.1 如何打开微信钱包

在微信界面上，点击“我”，然后选择“钱包”即可打开微信钱包，如图 9.1 所示。微信钱包可以绑定银行卡，实现还款、收帐、缴费等功能。

图 9.1 打开微信钱包

9.2 添加银行卡

通过添加银行卡，微信就可以在公众号、扫二维码、App 中实现一键支付。添加银行卡有两种方法：

一种方法是在“我的钱包”界面上点击“钱包”，然后在“钱包”界面上添加银行卡，然后根据提示输入银行卡信息即可，如图 9.2 所示。

图 9.2 添加银行卡方法 1

另一方法是在“我的钱包”界面上点击右上角⋮，然后选择“添加银行卡”，如图 9.3 所示。

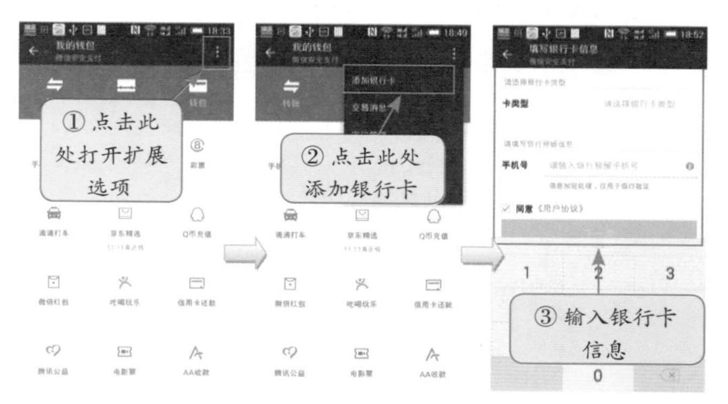

图 9.3 添加银行卡方法 2

9.3 银行卡解除绑定

如果你不想使用绑定的银行卡，那么可以对它进行解绑操作，步骤如下：在“我的钱包”界面上点击“钱包”，然后在“钱包”界面上点击要解绑的银行卡进入该银行卡的详情界面，点击右上角的⋮，选择“解除绑定”即可，如图 9.4 所示。

图 9.4 解绑银行卡

9.4 密码管理

有效的密码设置是保证微信支付安全的前提，在“我的钱包”界面上点击⋮，然后选择“密码管理”即可进入密码管理界面，如图 9.5 所示。

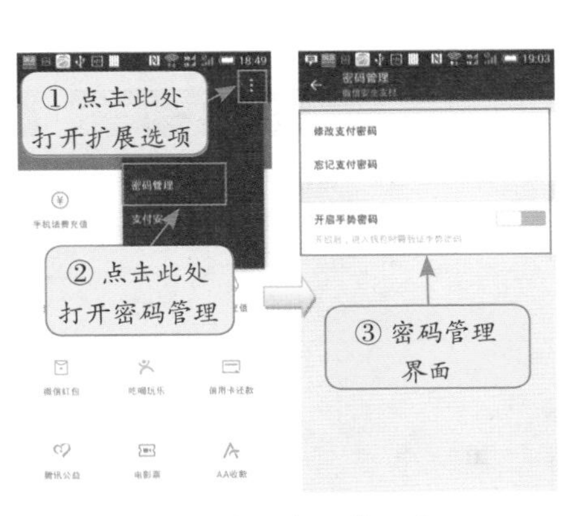

图 9.5 进入密码管理界面

9.4.1 修改密码

在密码管理界面上点击

“修改密码”就可进行密码更改。更改密码之前要先输入旧密码，然后再输入新密码，如图 9.6 所示。

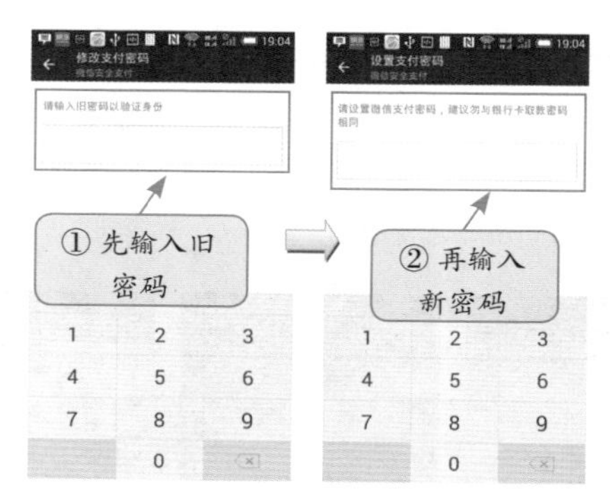

图 9.6 修改密码

提示：建议将支付密码与银行密码设置成不一样。

9.4.2 忘记支付密码

如果忘记了支付密码，则需要重新绑定，步骤如下：在“密码管理”界面上选择“忘记支付密码”，然后根据提示输入银行信息重新进行绑定，如图 9.7 所示。

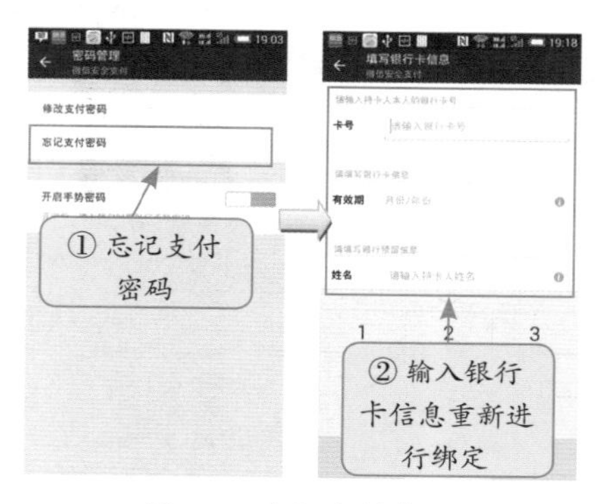

图 9.7 忘记支付密码

9.4.3 手势密码

手势密码是微信 6.0 中推出的新功能之一，设置手势密码的步骤如下：在“密码管理”界面上打开“开启手势密码”的开关，然后绘制手势密码图案即可，如图 9.8 所示。

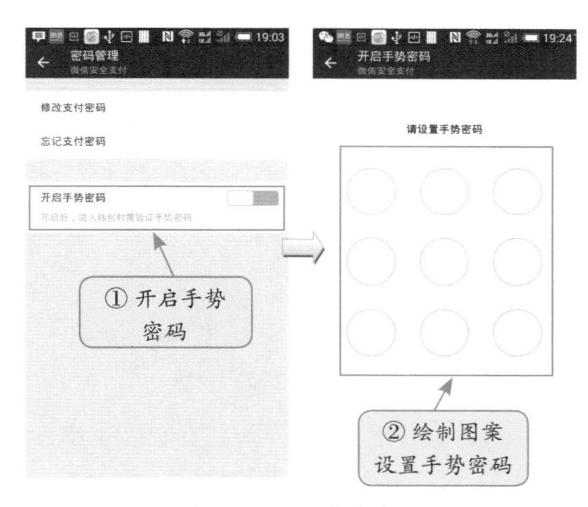

图 9.8 设置手势密码

9.5 微信支付

经过前面的设置，现在可以用微信进行支付了，这一节给大家介绍几种比较常用的微信支付方式。

9.5.1 手机话费充值

进入“我的钱包”后点击“手机话费充值”，输入要充值的手机号和充值金额，点击“立即充值”，然后输入密码即可完成充值，如图 9.9 所示。

图 9.9　手机话费充值

9.5.2　嘀嘀打车

嘀嘀打车是目前比较流行的一款打车软件。用户可以通过嘀嘀打车软件提前约车，避免了在路边等车的麻烦，下车时还可以通过微信进行结账，省去了现金找零的麻烦。嘀嘀打车有专门的客户端，需要安装，微信提供了一种快捷的嘀嘀打车方式，在没有安装嘀嘀客户端的情况下也可以使用，具体方法如下：在微信钱包界面里点击“嘀嘀打车”，输入出发地点和目的地然后呼叫出租车，到达目的后输入计价器金额进行微信支付，如图 9.10 所示。

图 9.10　嘀嘀打车

如果是经常使用嘀嘀打车的话，建议安装嘀嘀客户端。下面给大家具体介绍一下嘀嘀客户端的安装和使用。

“嘀嘀打车”APP 可以通过官网 http://www.xiaojukeji.com/website/index.html，或者 360 手机助手等其他手机管理软件进行安装，如图 9.11 所示。

图 9.11 安装嘀嘀打车客户端

“嘀嘀打车”有乘客版和司机版两个客户端，这里只介绍一普通大众常用的乘客客户端。

1. 语音叫车

“嘀嘀打车”软件可以通过“现在用车”和“预约”方式呼叫出租车。按住“现在用车”即可进入语音输入，说出你要去的路线和目的地，最后点击“确认发送”即可完成语音叫车，操作过程如图 9.12 所示。

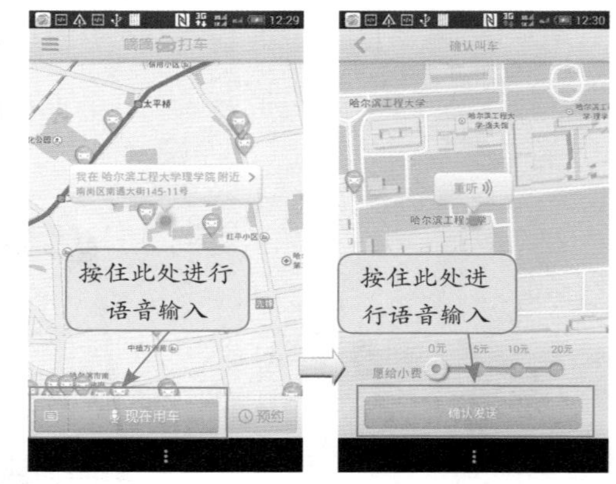

图 9.12 语音叫车

2. 文字叫车

点击图标切换到文字输入状态，然后输入你要去的路线和目的地，最后点击“确认发送”即可完成文字叫车，操作过程如图 9.13 所示。

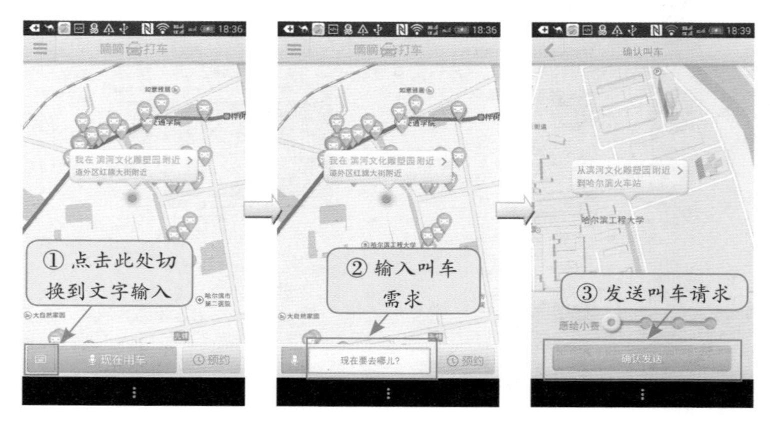

图 9.13 文字叫车

3. 提高叫车成功率

在叫车高峰期，可以通过给小费的形式提高叫车的成功率，小费的数额可由乘客指定，操作过程如图 9.14 所示。

图 9.14 通过小费提高叫车成功率

4 微信支付

“嘀嘀打车”可以通过微信进行支付：

（a）附近司机接单成功后，双方之间的交易就建立，此时界面中会显示，司机距离乘客位置的时间。

（b）乘客上车后点击“已上车”，会看到使用微信付车费的提示。

（c）在下车前，乘客手动输入计价器显示的金额，会进入微信支付界面，成功输入支付密码后，车费就会打入嘀嘀打车帐户中。

此时，司机也会收到获取打车费的通知。司机进入嘀嘀打车应用中输入转帐的银行卡，就可以对此次的打车费进行提现。操作过程如图 9.15 所示。

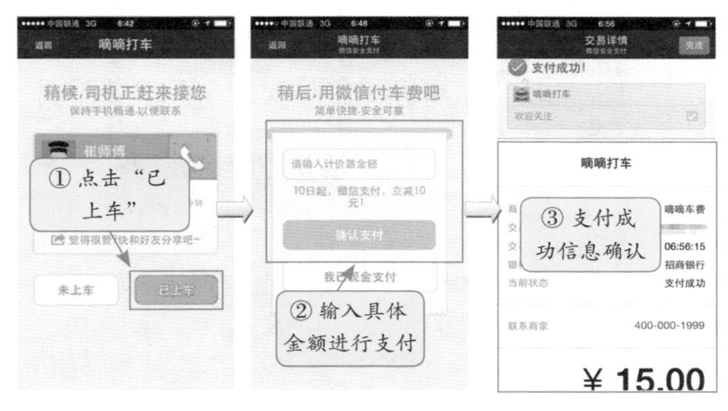

图 9.15 通过微信支付车费

9.5.3 转帐给朋友

转帐给朋友是指微信朋友间使用零钱或者微信支付支持的中国大陆地区储蓄卡付款到对方零钱的功能。

在“我的钱包”界面点击“转帐”，选择“转帐给朋友”，然后选择转帐对象、输入金额、选择转出帐户、输入支付密码即可完成转帐功能，如图 9.16 所示。

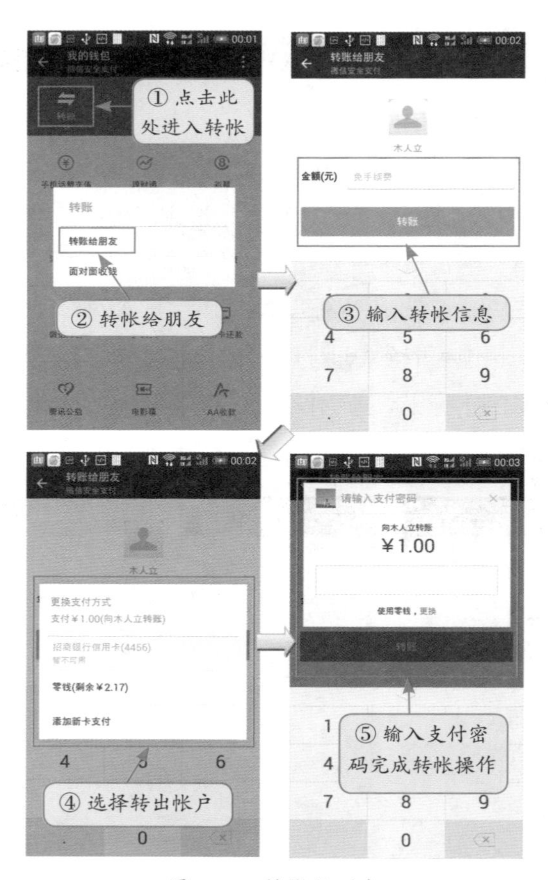

图 9.16 转帐给朋友

转帐操作也可以从聊天界面发起，点击 + 打开多媒体菜单后，点击“转帐”即可给当前聊天的好友进行转帐，如图 9.17 所示，其他操作步骤与图 9.16 相同。

对方收到你的转帐之后会有提示，点击确认收帐，收款会存入钱包的“零钱”当中，具体操作步骤如图 9.18 所示。

图 9.17　从聊天界面发起转帐

图 9.18　收到朋友的转帐

提示：如果收到的款项 1 天内未确认，则会退还给对方。另外，微信的转帐和提现目前是不收手续费的。

9.6 微信收款

9.6.1 面对面收钱

微信还支持面对面收钱，在“我的钱包”界面点击“转帐”，选择“面对面收钱”，微信会自动生成一个二维码，如图 9.19 所示。别人只要扫描这个二维码就可以对你进行支付操作。

图 9.19 面对面收钱

9.6.2 AA 收款

小伙伴们聚餐、收班费……，还为找零钱而烦恼吗？微信的 AA 收款功能可以帮你完美解决这个问题。下面我们以小伙伴们聚餐为例介绍一下 AA 收款的具体操作步骤：在“我的钱包”界面上点击“AA 收款”→选择一个主题（这里以小伙伴聚餐为例）→输入 AA 信息并点击“确定”→将 AA 信息发送给好友进行收款，或者生成二维

码让朋友扫描二维码进行支付，如图 9.20 所示。

图 9.20 AA 收款

9.7 微信提现

当用户的零钱包里有钱时，用户可以进行提现，提现不收手续费，当时提现于次日 23:59 之前到帐。无论是否绑定了银行卡，都可以进行提现操作，下面就分别对这两种情况进行介绍。

9.7.1 已绑定银行卡用户提现

对于已经绑定银行卡的用户，提现操作比较简单，具体操作步骤如下：进入微信钱包，点击“钱包”→“零钱”→“提现”→“输入提现金额”，最后输入支付密码即可提现，如图 9.21 所示。

图 9.21　已绑定银行卡用户之微信提现

9.7.2 未绑定银行卡用户提现

未绑定银行卡的用户也可以进行提现操作，操作步骤前几步与绑定银行卡的用户的操作相同，请参考 9.7.1 节，不同之处在于当输入提现金额点击下一步之后，如果还未绑定银行卡，则会提示输入银行卡号，点击“下一步”之后需要输入相关的银行信息，输入完成之后点击“下一步”即可完成提现操作，如图 9.22 所示。

图 9.22 未绑定银行卡用户之微信提现

9.8 钱包常见问题

可以通过点击钱包界面右上角的⋮，在扩展选项中选择“常见问题”查询微信钱包的常见问题，如图 9.23 所示。

图 9.23 钱包常见问题查询

第10章 微信其他常用功能

前面已经介绍了微信的一些主要功能，读者已经掌握玩转微信的基本方法。不过微信产品还处在高速发展的阶段，各项功能仍在快速的改进中，新的功能也在不断地更新和加入。本节将介绍一些其他实用的功能，如“扫一扫”功能、“收藏”功能、群发助手等。

10.1 收藏功能

收藏功能是微信 5.0 新增的，6.0 中进行了延续，可以对会话消息或朋友圈信息进行收藏。即使会话消息是语音消息同样可进行收藏，很方便，还可以收藏公众号、朋友圈的信息等。

10.1.1 收藏文字说说

收藏文字说说比较简单，比如在朋友圈看到朋友发布的文字说说非常经典，想收藏起来，反复研究。那么可以找到这个文字说说，长按，然后在出现的提示框当中选择“收藏”，即可添加到“我的收藏”中，如图 10.1 所示。

10.1.2 收藏图片

收藏图片的方法和收藏文字说说的方法类似，找到喜欢的图片，然后长按住图片，在出现的页面中选择“收藏”即可，如图 10.2 所示。

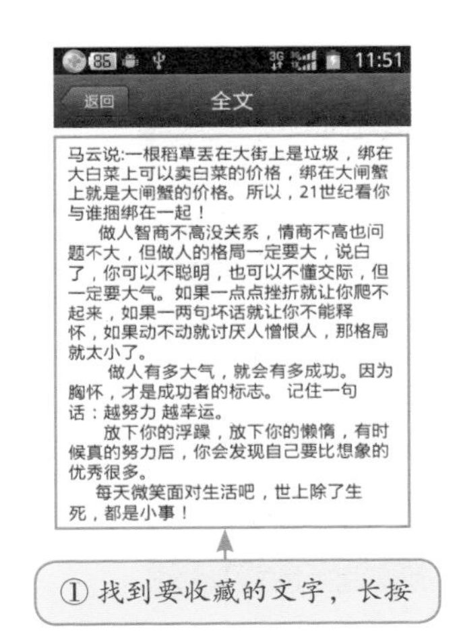

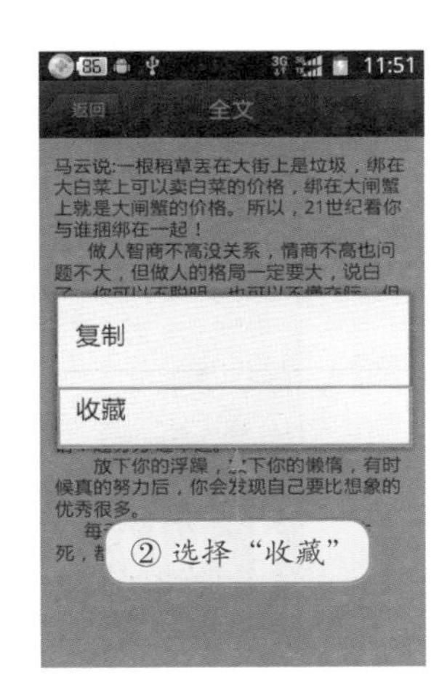

图 10.1　收藏文字说说

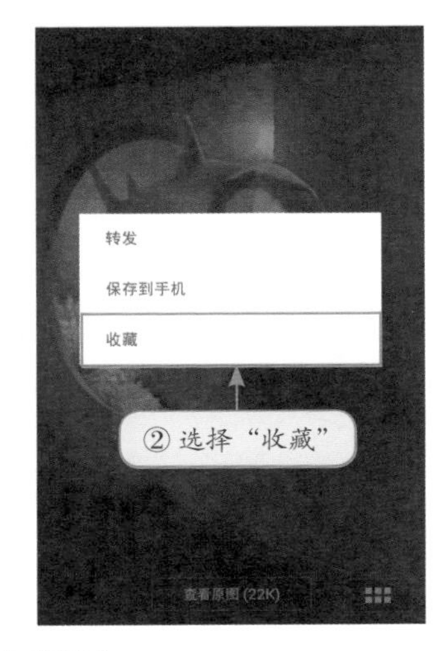

图 10.2　收藏图片

10.1.3 收藏网页和网页文章

点击文章链接，进入文章页面，进入后，在页面中点击右上角按钮⋮，然后在弹出的列表中选择“收藏”，即可完成对文章的收藏。如图 10.3 所示。

图 10.3 收藏网页和网页文章

10.1.4 查看“我的收藏”

点击“我”→“收藏”，即可在我的收藏中看到自己收藏的文字，图片和文章。如图 10.4 所示。

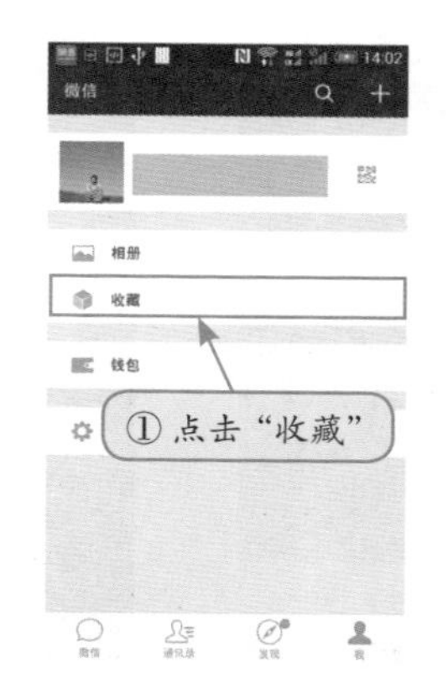

图 10.4 查看我的收藏

10.2 “扫一扫”新功能

“扫一扫”功能是微信 5.0 中新增的，微信 6.0 延续了此功能并进行了改进，可以扫条码、图书和 CD 封面、街景，还可以翻译英文单词。依次点击“发现→扫一扫”就可以打开微信的扫一扫功能了，根据自己的需要，可以选择“扫码”、“封面”、“街景”等功能。

10.2.1 二维码 / 条码扫描

微信微信 6.0 中将二维码扫描和条形码扫描综合到了一起，统一为“扫码”功能。二维码的扫描功能主要用于微信好友增加，关于此功能请参考本书第 5.2 节相关内容，此处不再赘述。

下面给大家介绍一下条形码的扫描功能。

打开“扫一扫”功能后，选择“扫码”，然后将摄像头对准被扫描物的条形进行扫描，扫描成功后会显示该物品的信息并会给出能购买此物品的链接，如图 10.5 所示，点击该购买入口进入购买页面。

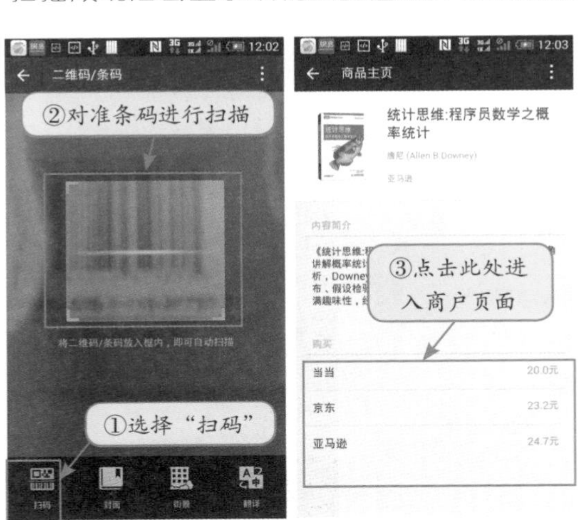

图 10.5 条形码扫描

进入购物页面后，可以进行购物，也可以点击右上角的⋮可对该页面信息进行“分享到朋友圈”、“发送给朋友”、“收藏”等操作，如图 10.6

所示。如果使用功能进行购物的话，需要使用微信的支付功能，关于支付功能请参考本书第9章相关内容。

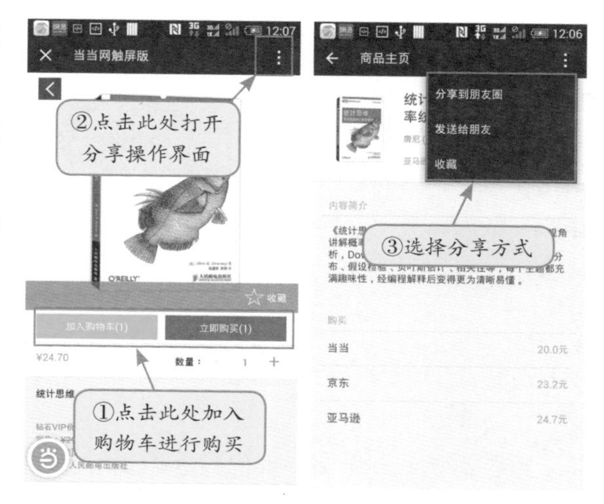

图 10.6　条形码扫描

10.2.2　封面扫描

对于图书、CD 等出版物，直接扫封面吧，图书介绍、购买通道马上给出。打开“扫一扫”功能后，选择“封面”，然后将摄像头对准图书、CD的封面，软件识别成功后自动进入信息页，如图10.7所示。你可以选择购买或分享等操作，与图10.6所示的操作类似，此处不再赘述。

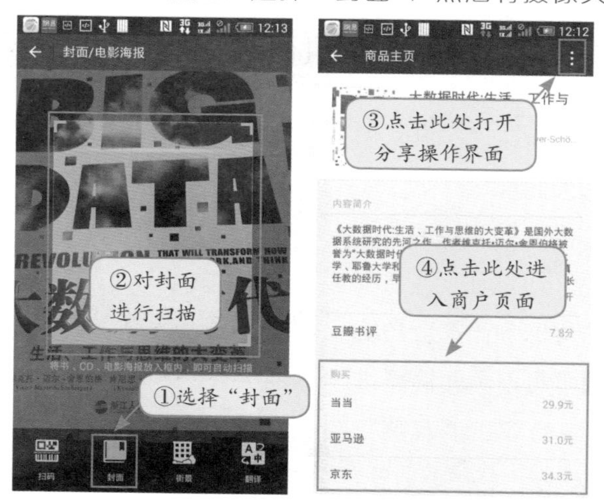

图 10.7　封面扫描

10.2.3 街景扫描

街景扫描脱胎于 SOSO 街景，并结合了手机重力感应及陀螺仪感应器，打开就可以看到身处地周边的街景，街景随手机方位改变实时变化，如果你玩过 google sky map，那么你马上就能上手。打开扫一扫功能后，选择“街景”，然后将摄像头对准周围的街景，软件会自动识别你所处的位置信息。但就目前而言，街景扫描并不太实用，因为从理论上说，街景扫描功能的实现要靠数据库中数据的比对和识别，如果你当前所处环境周围的信息没有被收入到数据库中，那么自然就不可能通过街景扫描来实现定位。

图 10.8 街景扫描

10.2.4 翻译扫描

翻译扫描功能来自于腾讯另一个创新产品 SOSO 慧眼，目前功能还相对简单，只实现了使用频率最高的英译中。打开“扫一扫”功能后，选择“翻译”，然后扫描需要翻译的单词，软件会自动显示结果，如图 10.9 所示。

10.3 公众号关注

腾讯公司于 2012 年 8 月 2 日推出微信公众平台。在很短的时间内，公众平台就得到了迅速的发展，通过关注微信平台帐号可以获得教育、娱乐、生活等各方面的资讯和知识。公众号又一次将微信带入个人生活的各个方面，体现了微信团队“微信是一种生活方式”的产品思想。

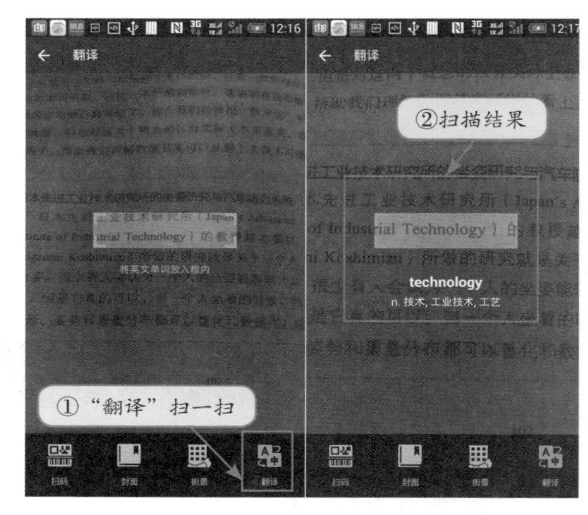

图 10.9 翻译扫描

8.2 节已经简单介绍过“语音提醒”公众号的添加方法，添加其他公众号的方法与此类似，这里不再赘述，在微信 6.0 中，所有公众号都会收藏在通讯录的公众号中，点击“通讯录”→“公众号”，可以找到所有你已经订阅的公众号。

10.4 群发助手

微信的 3.6 版本新增了“群发助手”功能，节日问候、春节拜年现在又多了一个新的工具，下面分步介绍微信“群发助手”的使用。

在微信的主界面依次点击“我”→“设置”→“通用”→“功能”→“群发助手”如图 10.10 所示。

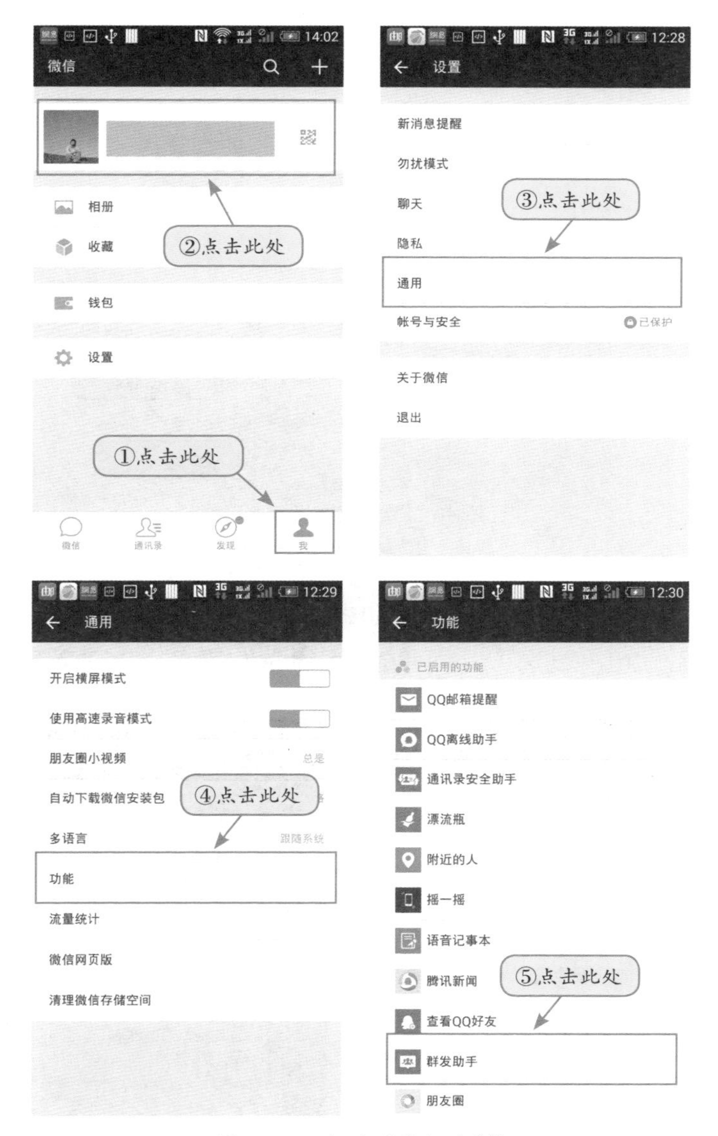

图 10.10 打开“群发助手”

点击“开始群发”即可进入群发助手的界面，点击“新建群发”如图 10.11 所示。

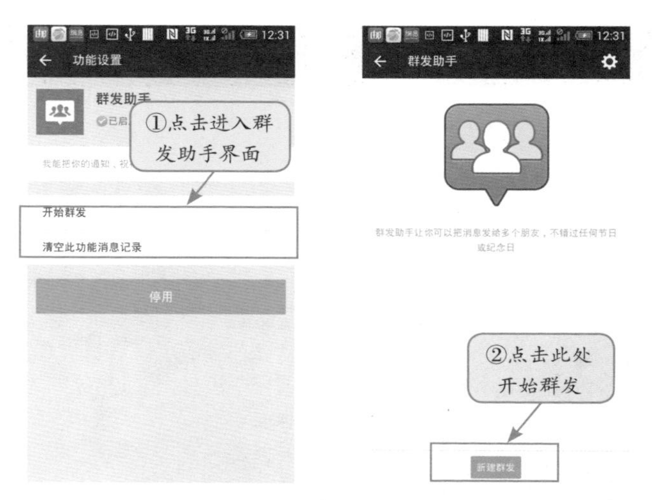

图 10.11　群发助手界面

在弹出的“选择收信人”界面点击选择要接收信息的人，选择好后点击“下一步”，在弹出的窗口编辑将要群发的信息内容，编辑完成后，点击“发送”，即可完成消息的群发，如图 10.12 所示。

图 10.12　选择多个收信人进行群发

发送完成后，可以点击“再发一条”继续群发，或者点击“新建群发”，重新选择接收人以完成新的群发，也可点击“返回”退出群发，如图 10.13 所示。

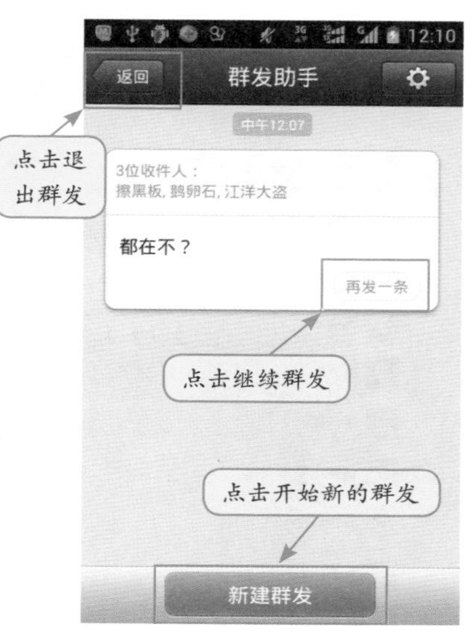

图 10.13　群发的进一步操作

10.5　QQ 离线助手

早在微信的 2.3 版本就已经加入了 QQ 离线消息功能，将许多的 QQ 用户吸引成为微信用户。该功能确实是非常实用，用户不必因为担心错过好友的信息而总是拿手机挂 QQ。

只要用户已经将微信与自己的 QQ 绑定，QQ 离线消息功能是默认开启的，如果没有开启，用户可以按照下面的步骤开启 QQ 离线消息。

参照 10.4 节图 10.10，在微信的主界面依次点击“我”→“设置”→“通用”→“功能”→“QQ 离线助手”→“启用该功能”，如图 10.14 所示。

此时弹出 QQ 离线助手的设置界面，点击“查看消息”可以看到此时 QQ 好友的留言，用户可以点击相应的聊天列表并选择回复，如图 10.15 所示。

在“离线助手”界面，点击右上角的列表按钮，可以查看 QQ 好友列表，并可以选择列表中的好友查看所发送消息，如图 10.16 所示。

图 10.14　启用“QQ 离线助手”

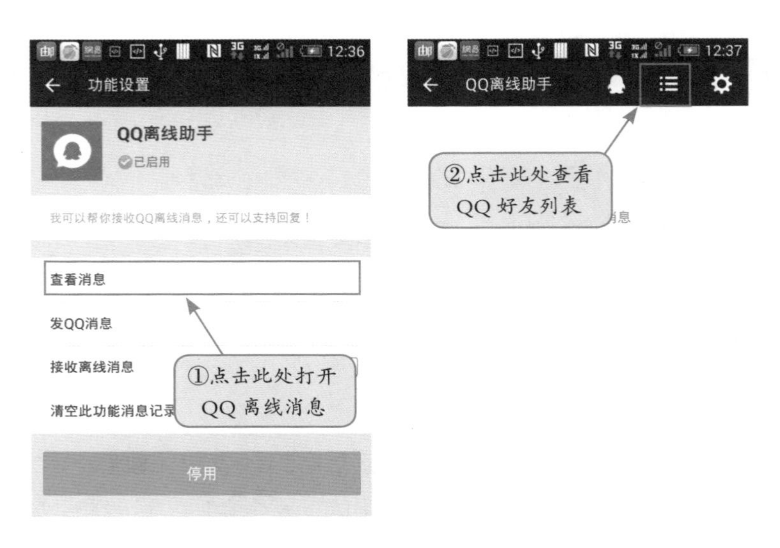

图 10.15　查看 QQ 离线消息

图 10.16 查看 QQ 好友列表

通讯录安全助手

通讯录安全助手是微信推出的一个插件功能。利用该功能，用户将可以将自己手机里的联系人信息备份到 QQ 同步助手安全中心。当用户换新手机或者手机丢失时，不必再为丢失联系人信息与朋友联系不上而烦恼。

下面分步讲述如何使用“通讯录安全助手”。

1. 打开“通讯录安全助手”

参照 10.5.2 节图 10.10，在微信的主界面依次点击“我”→“设置”→“通用”→“功能”→“通讯录安全助手”→“进入安全助手”，如图 10.17 所示。

2. 备份通讯录

进入“通讯录安全助手”的“通讯备份”界面，点击“备份”，在弹出的窗口输入 QQ 密码，点击“确定”即可开始通讯录备份，如图 10.18 所示。

开始备份通讯录，备份完成后做出提示，点击“确定”退出，过程如图 10.19 所示。

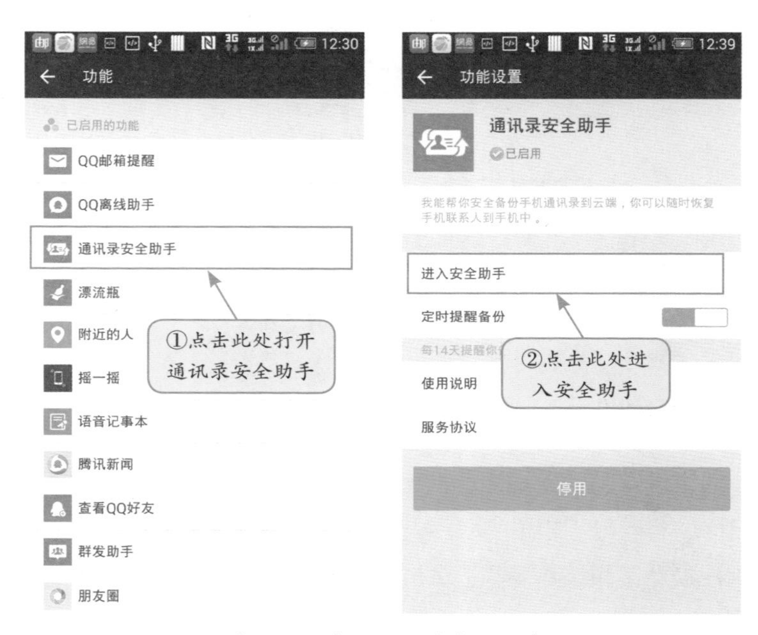

图 10.17　打开通讯录安全助手

图 10.18　开始通讯录备份

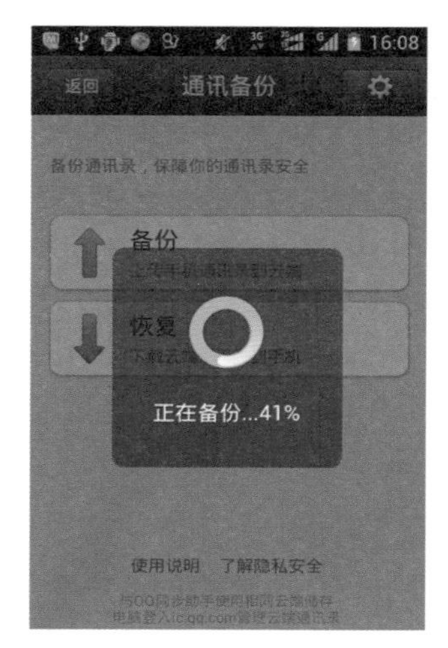

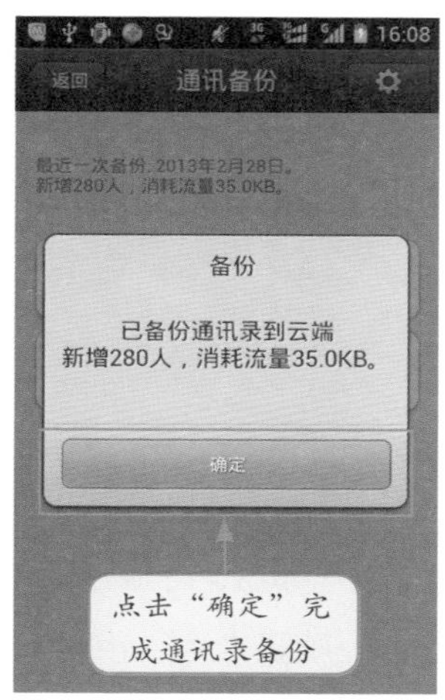

图 10.19 通讯录备份过程

3. 恢复通讯录

在如图 10.18 所示的通讯备份界面中，点击“恢复”即可将先前备份的通讯录下载到手机里，如图 10.20 所示，最后点击“确定”退出。

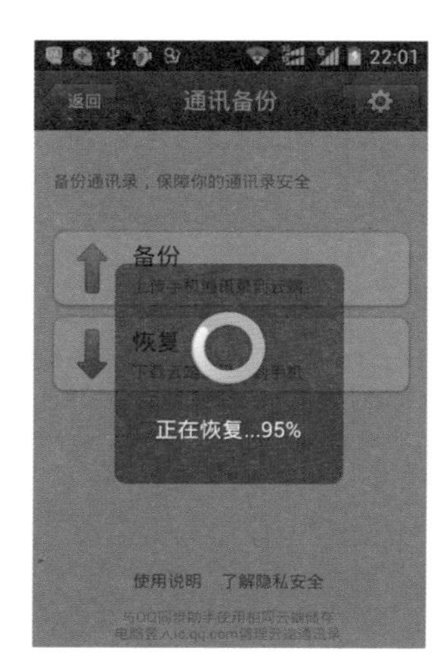

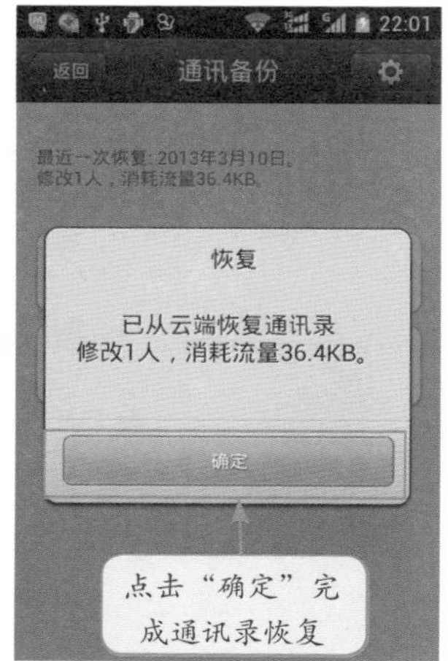

图 10.20 恢复通讯录

第 11 章 玩转微信游戏

2013 年 5 月，腾讯宣称将整合旗下包括微信、手机 QQ、手机 QQ 游戏大厅、手机 QQ 空间、应用宝等在内的各个移动平台资源，推出“腾讯移动游戏平台”。在微信 5.0 中，这一功能得以实现并作为 5.0 的主打功能之一进行了推出。6.0 版本对游戏功能进行了重新整合，推出更多新的、更好玩的游戏，并能为你提供贴心服务。这一章将给大家详细介绍微信 6.0 的游戏平台功能及部分游戏的高级攻略。

11.1 游戏中心

微信游戏实际上就是以微信和 QQ 帐号为基础的游戏系列，该系列将包括“天天连萌”、“天天飞车”、“节奏大师”、“天天爱消除”、“天天酷跑”、“欢乐斗地主”等游戏，涵盖了连连看、赛车、音乐、消除、跑酷、棋牌等多种游戏模式。在微信主界面上点击“发现”，选择“中心”即可进入游戏中心，如图 11.1 所示。

微信 6.0 的游戏中心界面与 5.0 有所不同，在微信 6.0 中，软件对游戏进行归类，可以为你推荐时下最热门的游戏、好友正在玩的游戏等等。点击右上的扩展功能按钮⋮可对游戏进行管理，如图 11.2 所示。对游戏的管理包括是否接受游戏消息，是否关注该游戏等。

图 11.1 微信游戏中心

图 11.2 微信游戏管理

推荐时下的热门游戏是微信 6.0 游戏平台新增的功能之一。点击游戏图标可进入该游戏的介绍界面，同时，在游戏介绍界面上还可以看到当前有哪些好友在玩此款游戏，点击“下载游戏”可进行下载与安装，如图 11.3 所示。

图 11.3 时下热门游戏推荐

11.2 天天风之旅

11.2.1 游戏介绍与启动

“天天风之旅”是一款由腾讯公司最新自研的动作冒险类的 3D 轻动作跑酷手机游戏。在架空的奇幻世界中，玩家将扮演热门动漫及童话人物进行挑战，使用各具特色的技能粉碎女巫的阴谋，拯救精灵之境。游戏完美重现了经典童话场景，伴随石巨人来袭等丰富的玩法将让玩家体验到童话般的风之旅途。

在微信游戏中心中找到“天天风之旅”，点击此游戏的图标即可进入介绍页面，点击“下载”，自动跳转到苹果 app store 的游戏下载页面，点击即可获取游戏，如图 11.4 所示。

图 11.4 微信游戏中心下载游戏

下载完成后，在主屏幕上点击游戏图标，启动游戏，如图 11.5 所示。

启动游戏之后，与好友互动模式有三种：①与微信好友玩；②与 QQ 好友玩；③游客登录。点击选择“与微信好友玩”，如图 11.6 所示。

微信会提示“登录后该应用将获得以下权限”，然后点击“确

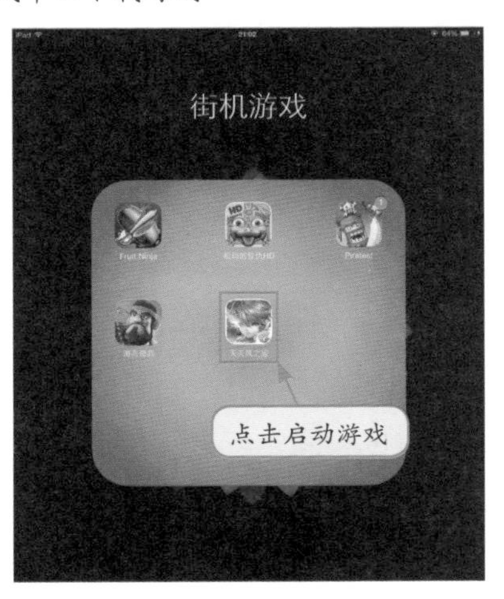

图 11.5 启动游戏

认登录”，如图 11.7 所示。

图 11.6　选择好友互动模式

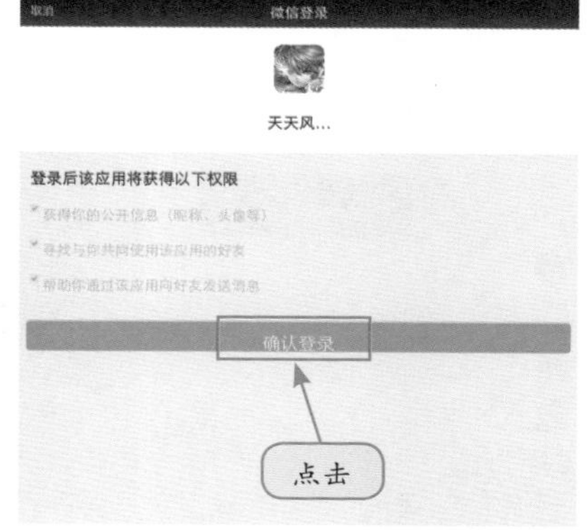

图 11.7　微信获得权限

然后进入游戏教学页面，点击右上角的按钮，出现“继续教学”和“跳过教学”两个选项，点击“跳过教学”，如图 11.8 所示。

图 11.8　跳过教学

出现提示内容，点击“确认跳过”，最终出现提示获得角色并进入游戏的界面，点击“进入游戏”，如图 11.9 所示。

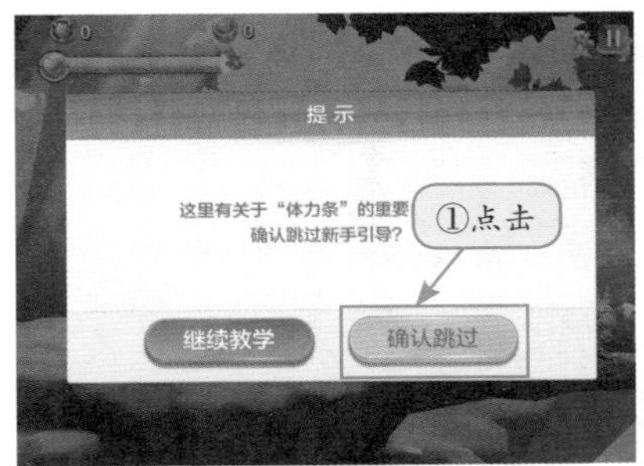

图 11.9　进入游戏

进入游戏之前，先出现“连续登录奖励”的提示，会显示出连续登录的具体奖励的内容，点击“领取奖励”按钮，如图 11.10 所示。

图 11.10　领取奖励

11.2.2　冲关方法和技巧

在游戏开始界面，左侧显示的是好友排行，右下方有“经典模式”和“闯关模式”两种玩法。点击选择“闯关模式”，然后进入关卡选择界面，点击选择要玩的关卡数，如图 11.11 所示。

图 11.11　进入闯关模式

选择关卡之后，点击“开始闯关”，如图 11.12 所示。

图 11.12　开始闯关

游戏开始之前先提示“刺球不可攻击，一定要躲过”，点击屏幕任意位置继续，在图 11.13 右图中提示本关达到三星的目标，然后点击屏幕任意位置开始游戏，如图 11.13 所示。

图 11.13　三星目标提示

开始游戏之后，在屏幕左下角的，是“攻击”按钮，如图 11.14 左图中遇到障碍时，连续点击“攻击”按钮消除障碍。在屏幕右下角的，是“跳跃”按钮，如图 11.14 右图中遇到道路残缺时，点击“跳跃”按钮，如图 11.14 所示。

本关完成之后，显示出本关的分数和奖励，然后点击“继续”，如图 11.15 所示。

图 11.14 “攻击”和“跳跃”操作

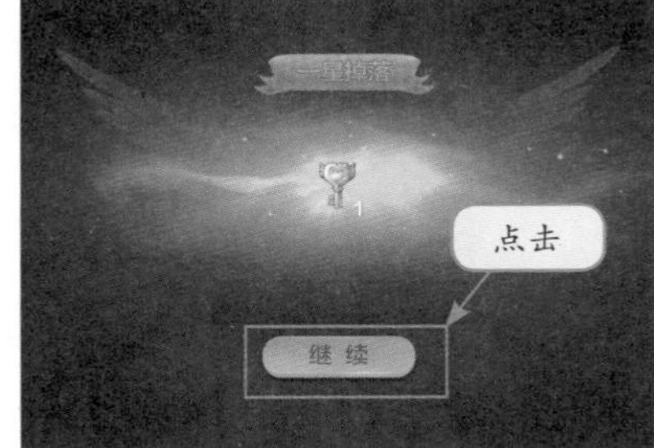

图 11.15 显示本关分数

最后会出现本关中完成的任务及奖励，点击“领取”，如图 11.16 所示。

图 11.16 领取奖励

11.2.3 分享结果到朋友圈

在游戏首页点击经典模式，进入经典模式的界面，先选择好友进行助跑，再点击“开始游戏”，如图 11.17 所示。

图 11.17 经典模式

游戏过程的操作和 11.2.2 节闯关模式一样，这里不再赘述。游戏结束之后，先点击“分享”按钮，出现分享界面，点击“发朋友圈”，如图 11.18 所示。

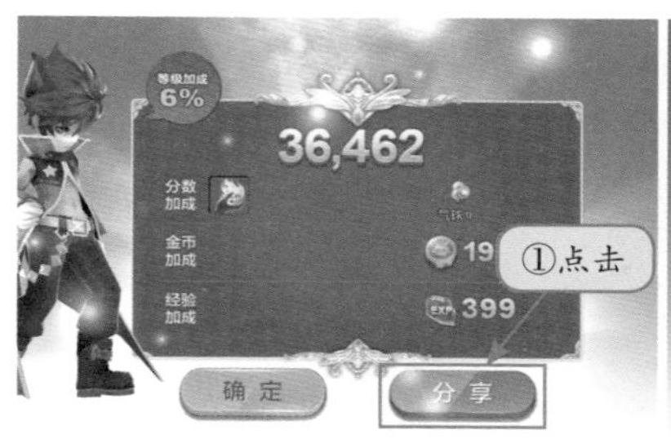

图 11.18 分享战果到朋友圈

分享战果到朋友圈包括以下几个步骤：①在上方的空白框中输入自己想说的话；②点击“谁可以看”；③在“公开”、“部分可见”和“不给谁看”中选择“公开”；④点击右上角的“完成”；⑤回到

分享页面点击右上角的“发送”。就成功发送游戏战果到微信朋友圈，如图 11.19 所示。

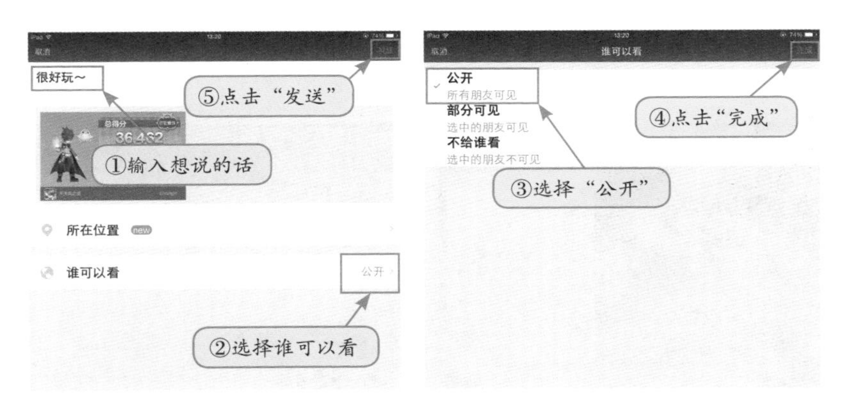

图 11.19　选择朋友圈谁可以看

11.2.4　选择角色、宠物和装备

作为一款新颖的酷跑类游戏，“天天风之旅”也提供了丰富角色、宠物和装备供玩家选择。在游戏的首界面，分别点击查看“角色”，“宠物”和“装备”，如图 11.20 所示。

图 11.20　选择查看角色、宠物和装备

先在图 11.20 中点击“角色”，到角色选择界面，点击“升级”，对现有的角色进行升级。点击左侧的❮按钮，向左移动查看角色，并对该角色进行提示：玩家等级达到 5 即可解锁，如图 11.21 所示。

图 11.21　选择角色

先在图 11.20 中点击“宠物”，出现“宠物大全”界面，选择自己喜欢的宠物，如图 11.21 所示。

在图 11.20 中点击“装备”，出现“装备大全”界面，点击下方的“抽取装备”按钮对新装备进行抽取，如图 11.23 所示。

图 11.22　选择宠物

图 11.23　选择抽取装备

11.3 飞机大战

11.3.1 游戏介绍与启动

“经典飞机大战”是微信的一款经典游戏。随微信安装，进入微信游戏中心后，点击“经典飞机大战”即可下载插件开始玩游戏。在玩这个游戏时，打掉敌方飞机得分，但要注意躲避敌方飞，如果被敌方飞机撞到游戏就结束了。游戏结束后可查看要“本周飞机大战排行榜”，上面会显示你的好友玩这个游戏的得分，以及你自己的排名，如图 11.24 所示。敌方的飞机根据体型大小的不同，打掉的难易程序也不同，体型越大，越难打掉。子弹是自动射出的，用手指在屏幕上左右滑动躲避敌方飞机。在玩游戏过程中，会有道具产生，此时要注意控制你的飞机去接住道具才能使道具的功能生效。

图 11.24　微信游戏中心

11.3.2 高分攻略

下面给大家详细介绍一下飞机大战的高分攻略。

1. 了解各飞机分值及道具出现时间

普通小飞机 1000 分、中型飞机 6000 分、大型飞机 30000 分。在分数达到 60k ~ 80k 的时候会出现道具，有可能是“全屏炸弹”或“双排弹”。

2. 合理使用道具

获得“双排弹”的时候，我们就可以把飞机移至屏幕的中部，以争取尽快的消灭敌人更多的有生力量，因为“双排弹”是有使用时间限制的。

获得“全屏炸弹”时，个人不建议在前期把炸弹用掉，不过你被敌人围得无处可逃的时候，你应该果断释放“小男孩”，毕竟小命要紧！如果前期把炸弹留下来了，那么恭喜你，当你达到 500k 分数以上的时候，敌人大批量的中型飞机、大型飞机都会满屏袭来。这个时候，用你的手指轻轻点击屏幕左下角的炸弹图标，轰——整个世界安静了，看看分数，你笑了。

3. 合理控制飞机的位置

在游戏起始时尽量将飞机移至屏幕最下端，这样可以拓宽你的视野。很多玩家用整个手指头按在飞机上，这样会妨碍后期躲避身旁落下的敌人。这里建议玩家将手指按至机尾的位置就行了，这样是不影响对飞机的操纵的。

4. 使用合理的操控手法

手机玩“打飞机”游戏大概有两种“手法”。

单手操控手法：这种方式比较适合屏幕在 4.5 英寸以内的手机。通过单手可以让飞机在屏幕向左右两侧进行移动躲避下落的飞机，如图 11.25 所示。在屏幕小的手机上使用单手操作的方式可以让手机屏幕上有更大的显示空间，当移动的时候我们可以有更大的视野，以更好地躲避坠落的飞机。如果你是左手操作飞机，尽量把飞机控制在屏幕中偏左。如果是右手打飞机，那你就把飞机控制在中偏右。这样做的目的是为了获得更大的可视范围。

双手操控手法：现在大屏手机越来越多，使用单手进行操控显然是不现实的，这时你可以通过双手操控手法来进行游戏。双手操控一般为一手握手机，另一只手的手指按住飞机在屏幕上进行移动射击敌机，如图 11.26 所示。根据不同人的习惯，可以采用左手握持右手移动飞机射击或右手握持左右移动射击。这游戏方式的优点在于我们可以按住飞机利用大屏幕，在游戏区域的上下方有更大的活动范围，从而在飞机密集的时候更好地躲避敌机，从而延长游戏时间。

图 11.25　单手操控

图 11.26　双手操控

11.3.3 向朋友索要飞机

飞机大战每天一开始有 5 次机会，每场消耗 1 次机会，另外系统每 5 分钟会增加 1 次机会，最多增加到 5 次机会，也可以向朋友索要飞机。下面给大家详细介绍一下如何向朋友索要飞机。

当飞机用完之后，会弹出“你的飞机打光了，快去向好友索要”的提示界面，点击“索要飞机”即可进入好友列表。选择一个好友，点击“索要”，然后等待对方回应即可拥有新的飞机，当新飞机出现后，点击“开始游戏”就可以继续了，如图 11.27 所示。

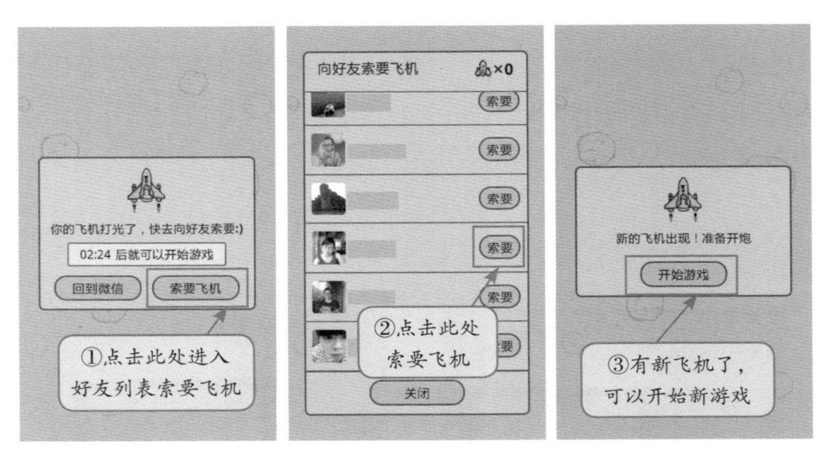

图 11.27 向朋友索要飞机

11.4 全民飞机大战

11.4.1 游戏介绍与启动

全民飞机大战是腾讯游戏最新力作，是经典飞机大战的升级版，再掀全民飞机大战的热潮。全新精致画面，真正体验和好友一起飞

行战斗的无限乐趣。

在微信游戏中心中找到“全民飞机大战”，点击此游戏的图标即可进入介绍页面，点击“开始下载”下载该游戏，下载完成后点击“开始安装”，按操作步骤安进行游戏安装，安装完成后即可开始游戏，如图 11.28 所示。

图 11.28　安装和启动全民飞机大战

11.4.2 合体空战玩法大揭晓

在游戏开始前，玩家将进入好友选择界面，可以选择一名好友的战机进行“合体”。合体后，玩家的飞机将会变得更为炫酷，火力也会变得更强，并且会获得好友援助发射的强力导弹，令战斗更为精彩刺激，如图 11.29 所示。

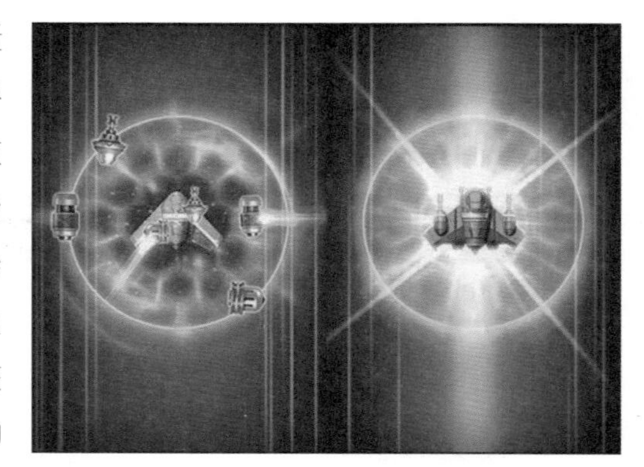

图 11.29 与好友战机合体

而当玩家的好友选择他/她的战机“合体”并完成一局后，玩家也会获得一定的金币回赠奖励，该金币数量与好友的当局成绩成正比。玩家努力升级自己的战机，就会被越来越多的好友邀请“合体”，并能赚取更多的金币，如图 11.30 所示。

图 11.30 战机合体

“全民飞机大战”为玩家带来多款超炫战机，全面丰富了玩家的空战体验，如图 11.31 所示。如由直率少年小翼架驶的飞机“冒险之翼”，拥有非常稳定、平衡的性能；由孤傲美丽的天才少女小羽所驾驶的飞机“逆袭天使”，则凭借着小

巧的机身，拥有不错的战机性能，生命值和攻击力表现都比较突出。

迷糊淘气的小师妹所架驶的“甜心战神”，也是“全民飞机大战”中的焦点机型。该机身外形精美讨喜，战机实力极为引人瞩目，且在生命值、攻击力和攻击速度方面表现都可圈可点，并能发射出扇状弹幕，可同时命中多架敌机，甜蜜的外型加上不错的战斗实力，相信已让不少玩家跃跃欲试了。

图 11.31　典型战机

看过少男少女架驶的飞机后，接下来要提到的便是由矮人大叔驾驶的飞机“狮鹫战神”。该战机拥有非常强大的火力，攻击力和攻击速度表现都十分优秀，也必定会成为玩家在“全民飞机大战”中不可错过的超强战机。

“全民飞机大战”不仅为玩家准备了丰富的战机型号，还为玩家打造了独特的“宠物系统”。“抓抓”与“小旋风”两款宠物造型独特，能够在游戏过程中带来各种辅助。它们不仅可发出各种火力强劲的弹幕，还会不时地喊出各种语音提示，为玩家的游戏体验带来更多的乐趣，如图 11.32 所示。

图 11.32　抓抓和小旋风

11.4.3 冲关技巧

游戏中有 5 种机型可以选择，每种机型都有 3 种属性：生命、攻击、攻速，且初始属性都不一样。玩家最开始只能默认地选择冒险之翼（壕除外），机型确定完毕之后，我们首先要做的第一件事情就是把所有的金币用来强化属性。那些开局道具小编建议前期都不要买，因为没必要，升级机型最重要，前期早点打好基础后期才能更早的拿高分。

在游戏过程中会掉落道具，每种道具都有不同的效果，这里给大家简单说明一下。

（1）磁铁：吸取周围道具

技巧：在拿到磁铁道具之后就不用刻意去捡星星了，大可以把注意力集中到飞弹以及敌方身上去。

（2）无敌：抵抗一切伤害

技巧：闪电图标的道具，拾取之后机身会闪光，并且无敌。这个时候大可以操作战机去撞别人，秒杀，效果不错，需要注意的是要看好右侧的无敌持续时间，不要无敌消失了还去撞别人。

（3）冲锋：无敌并冲锋一段时间

技巧：这个就是强化版的无敌了，还附带冲锋效果，并且碰撞范围扩大好几倍。

（4）能量：子弹威力 5 等级

说明：油箱图标的道具，攻击强化 5 个等级。

（5）超级能量：子弹威力最大化

说明：红色油箱图标的道具，攻击强化至满级，可以体验一下秒杀对手的快感。

11.4.4 高分技巧

“全民飞机大战”游戏中怎么才获得高分呢，首先我们一定要知

道积分方式有哪些，哪些动作可以触发分数积累是重点。能帮助玩家打出高分的方法：

1. 飞机飞得越远，击杀敌机越多，分数就越高。

2. 短时间内连续击杀敌机即可触发连击，连击数越高，分数加成越高。

3. 拾取星星也能获得一定分数加成，星星数量越多，分数加成越高。（星星要捡同时也要考虑下危险因素）。

4. 击杀特殊阵形的敌机头目，也能获得较高奖励。

5. 击杀 BOSS 用时越少，评级越高，奖励分数越高。

11.4.5 如何开启无敌模式

全民飞机大战无敌模式开启方法。

1. 小伙伴们在游戏中可以购买狂热驱动和超狂热驱动道具，点击开始游戏以后，就可以进入无敌模式，如图 11.33 所示。

2. 小伙伴们在游戏中，有几率拾取闪电，也是有几率可以进入无敌密室的。小伙伴们需要注意的是，全民飞机大战中无敌模式是有时间限制的。当画面中出现了 Warning 的时候，表示游戏中的无敌密室快到介绍了，小伙伴们这个时候就注意不要被敌机击倒就 OK 了。

图 11.33　开启无敌模式

11.5 节奏大师

“节奏大师”是为时尚音乐达人们倾情打造的一款节奏类音乐游戏，更有好友互动、挑战闯关，更有无限节奏绽放你指尖的魅力。

“节奏大师”的安装方法与“全民飞机大战”类似，这里不再赘述，游戏界面如图11.34所示。

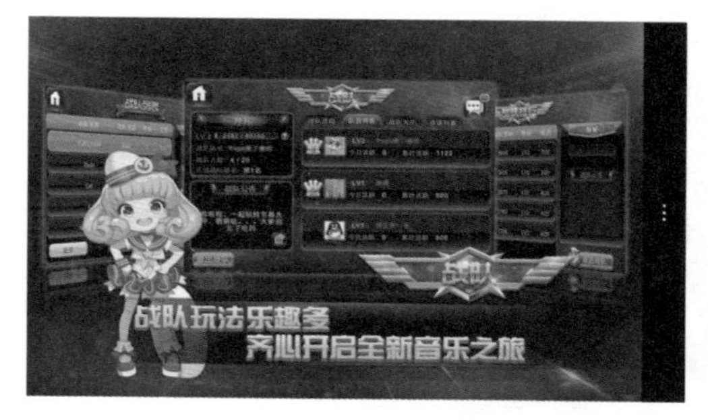

图 11.34　节奏大师启动界面

目前游戏共有4KEY、5KEY、6KEY这三个模式供玩家选择，每个KEY下又分为“简单”、“一般”、“困难”三个选项，玩家还可以通过调速来增加挑战难度，组合多变的挑战模式，基本上满足了大众玩家的游戏需求。点击进入游戏后选择需要的模式，选择你喜欢的挑战曲目，根据音乐节奏音符进行敲击或者滑动屏幕即可开始享受游戏的乐趣了，如图11.35所示。

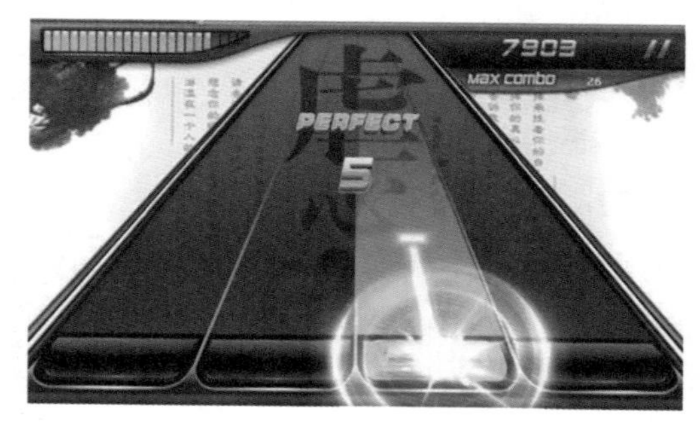

图 11.35　节奏大师游戏界面

11.5.1 高分技巧

1. 熟悉歌曲　跟着节奏下手

节奏大师讲究在音乐的节奏里打着节拍去点击下落的音符，因此，玩家们想要在游戏的过程中获得高分就要熟悉这首歌曲，能在音乐节拍下面准确点击下落音符。

2. 双手操作 邀请小伙伴一起玩

节奏大师这款游戏分为 4KEY、5KEY 和 6KEY 模式，高手玩家们想要挑战有难度的歌曲就需要双手一起来进行操作，可以左右手各控制三键，达到分工合作，眼疾手快。当然，想取得排名的玩家也可以请来你的小伙伴帮忙，达到神一般的合作境界。

3. 操作技巧 把握完美

玩家遇到长键要按完，可以得到更多的连击分数。歌曲里遇见横拉长键要注意点击的准确时机，才能获得更多的 Perfect，遇到曲折键要快速转动手指跟随弯曲键一起走。

4. 高分评判标准 需要准确度

节奏大师游戏里想要获得高分，手指点击的准确度是关键，这就要求玩家在操作的过程中手感、乐感和眼明手快的节奏感。

11.5.2 常用道具功能介绍

1. 50% 血量剂，使用本道具可以增加 50% 生命值上限。

2. 10 秒无敌状态，当游戏中血量低于 10% 时使用本道具会进入 10 秒无敌状态。

3. 20% 血量剂，当游戏中血量低于 20% 时使用本道具血量会自动补满。

4. MISS 消除剂，使用本道具后可以抵消三次 MISS 评定。

11.6 其他新游戏

正如本章开头所述，微信游戏将涵盖连连看、赛车、音乐、消除、跑酷、棋牌等多种游戏模式，力求给广大手游爱好者提供丰富的掌上乐趣。前面介绍了几款比较经典和热门的游戏，目前腾讯公司还有更多更好玩的游戏正在内测和推出中，在微信游戏中心界面上点击“更多游戏”可进入游戏库，通过上下翻页可查看当前微信已经发布的游戏，如图 11.36 所示。

图 11.36 进入微信游戏库

提示：本章提到的游戏技巧大多来自于“手游网”资料的整理，如需更多详细技巧，可参考“手游网”官网：http://wxyx.shouyou.com/。

第12章 微信营销

存在社交的地方就存在营销。作为一款成功的社交软件，微信为人们带来新型快捷的沟通模式的同时也为网络营销提供了一条新的途径，即微信营销。

在上一章介绍微信公众平台时，已经零散地涉及到微信营销的一些知识，本章将系统深入地介绍微信营销：通过对微信特点的分析，让读者掌握微信营销的方向和技巧；通过对成功微信营销案例的介绍，帮助读者体验微信营销的奥妙。

12.1 初窥微信营销

微信营销是以微信为传播媒介的营销方式，主要的目标群体是广大的微信用户，是伴随着微信软件的发展而兴起的一种移动互联网领域的新型网络营销模式，结合了线上的病毒式营销和线下的广播式营销。

12.1.1 微信营销的特点

微信软件重新定义了手机这一交流工具，带给了人们全新的交流方式。基于微信软件的微信营销也呈现出其与其他营销方式的差异性。微信营销具有如下的特点。

1. 信息投放更精准

不同于其他媒体爆炸式的信息传递，微信软件由于其通信的属性，投放到用户微信的信息一般能百分之百到达并准确传递。此外，借助微信提供的位置服务，还可以做到信息的分区域投放，特别适合于开展基于地理位置服务（LBS）的营销。

如图 12.1 所示是某公众帐号群发消息的界面，在界面中可以选择“群发地区”、“性别”、“群组”等限制条件达到信息精准投放的目的。

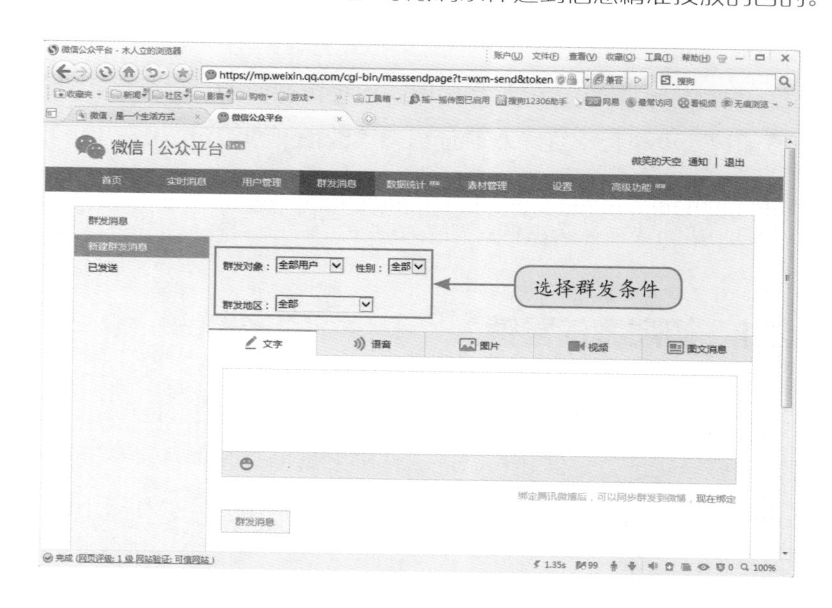

图 12.1　公众帐号消息群发界面

2. 病毒式营销

病毒式营销也叫口碑营销，是一种建立在用户关系上的利用口口相传来实现品牌传播目的的一种营销模式。

微信用户数的急剧增加，已经形成了规模庞大的交友圈。利用这一特点，营销人员在自己的公众平台上给关注用户提供足够有价值的资讯和服务，在关注者中形成良好的口碑，塑造良好的品牌形象。关注者会成为所关注品牌忠实的粉丝，并在自己的朋友圈子里向他的好友推荐品牌。这样帮助品牌营销人员实现了品牌营销的目的。

能够成功实现“病毒式营销”的关键因素有以下两点。

- 为用户提供有含金量的信息或服务。

  传播价值是病毒式营销的根本所在，“酒香不怕巷子深”说的就是这个道理。

- 是否能站在用户的角度思考，将用户的体验放在第一位。

  关注品牌的用户随时都可以选择取消关注，所以一直保持良好的用户体验，不引起用户厌恶，是保有关注量的不二法门。试想一个总是发送各种广告的公众平台，不会有多少用户愿意去长时间关注的。

3. 较强的用户粘性

微信主要是点对点的交流方式，这种形式的交流使得商家可以和关注自己的用户建立更强、更有粘性的关系，可以通过一对一的聊天等形式为用户提供单独的电话式的服务。如图12.2所示，是某微信公众帐号为其关注者提供单独的聊天服务。

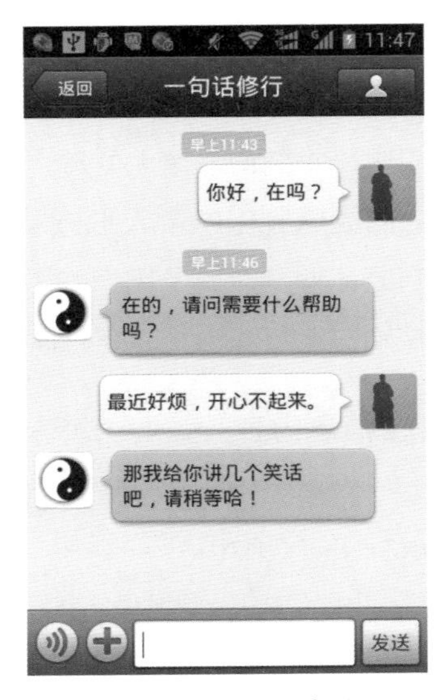

图 12.2 点对点交流

4. 营销方式灵活多变

微信营销方式众多，主要是得益于微信软件丰富的功能。漂流瓶、摇一摇、附近的人、二维码、公众平台、开放平台都可以成为微信营销的途径，在本章 12.3 节讲述微信营销案例时将会介绍这些营销方式。

12.1.2 微博营销 VS. 微信营销

时下网络营销中相对热门和成熟的营销方式当属微博营销，其立体化、高速度、便捷性、广泛性的特点使微博营销成为非常重要的网络营销手段。作为后起之秀的微信营销是否也会像微博营销一样成功，甚至会取代微博营销呢？这里我们主要从 6 个方面对微信营销与微博营销做一些简单的对比，启发思考。

1. 平台的属性

微博本质上还是传统意义上的媒体，在微博上投放广告主要透过媒体（微博大号）或者一些网络营销公司。

微信则是以聊天形式发布相对更具有私密性的对话，这种沟通方式体现了对每个用户的重视与尊重，所以越来越受到用户的喜爱。特别是朋友圈等功能充分体现出微信的社交属性。

2. 消息内容

微博内容更注重实时性，对于正在发生的事情可以以最快的速度到达受众眼中。

微信的内容则更注重可读性，发给微信用户的信息如果没有较强的可读性或者提供任何价值，会增加读者的厌恶，导致自己的关注度降低。

3. 内容形式

单条微博内容为 140 字，可发图片、视频和音乐。

微信的消息则可以使用原始录音、图文消息、视频，以及第三方应用的内容等。

4. 用户关系

微博发布的消息会给人总是高高在上的关系，其发布消息更像是在发布“命令”。

微信的消息则是与用户建立平等关系，重新定义了品牌与用户之间的交流方式，信息更容易被接纳。

5. 受众形态

微博上的关注只是稍感兴趣而已，关注者与被关注者之间的关系比较弱。

微信的朋友圈等是朋友、熟人的关系。微信用户与被关注的公众平台之间更是具有订阅式的强关系，用户有较强的忠诚度。

6. 社会意义

微博由于具有实时性、转发快、大量广播等原因，事件的传播可能产生较大的社会影响力。

微信消息的传播一般只局限于朋友圈子中，其传播时效长，范围更小，不会迅速地产生社会效应。

下面对微博营销和微信营销的 6 点不同稍作总结，如表 8.1 所示。

表 8.1 微博营销和微信营销比较

项目	微博	微信
平台属性	媒体	沟通
消息内容	实时性	高价值
内容形式	140 字、图文、视频、音乐	原始录音、图文消息、第三方应用
用户关系	上下式关系	朋友关系
受众形态	兴趣圈、弱关系	熟人圈、强关系
社会意义	能产生社会影响力	让小圈子沟通更直接

12.2 微信营销的六大渠道

上一节的介绍中我们已经知道微信有着丰富的交流沟通模式，借助微信实现营销的方式也灵活多样，总体来说主要可以通过六大渠道来实现微信营销，下面分别介绍。

12.2.1 附近的人

附近的人被称作“草根广告式”，是许多小商家利用最多的微信营销模式。该模式基于微信中 LBS（Location Based Service，基于位置的服务）的功能插件“查看附近的人”，可以使商家微信帐号所在地附近的微信用户发现商家的微信号，看到广告。

利用“附近的人”完成营销有多种实现方式。

1. 真实位置营销

该方式主要适合于具有实体店的商家，或者其他小范围的营销。

营销人员将自己微信号个人信息的个性签名修改为自己店铺的广告内容。然后打开自己的微信并到达人流最旺盛的地方，这样附近的其他用户通过“查看附近的人”即可看到营销人员的广告。这种营销方式，其实是一种新式的发传单营销。如图 12.3 所示是某卤肉香饼卖家将自己的微信打开，为附近的微信用户提供信息。

图 12.3 真实位置营销

2. 虚拟位置营销

该模式则适合于多个位置、大范围的营销。

实现虚拟的位置往往需要借助一些特定软件，在软件中可以登录已经申请的微信号，然后通过软件可以随意设置微信号的位置属性。这样自己的微信号就会被相应位置的其他微信用户通过“附近的人”功能搜索到。

如图 12.4 所示则是利用某软件将手机的 GPS 地理位置设置为“天安门”附近。

实现位置模拟后，再利用微信“附近的人”功能搜索到的将是“天安门”附近的微信用户，如图 12.5 所示，点击其中用户查看即可确认其位置。当然此时“天安门”附近的用户也可以搜索到你，达到营销的目的。

图 12.4　虚拟位置营销之位置设定

图 12.5　虚拟位置营销

12.2.2 漂流瓶

漂流瓶模式是利用微信软件的“漂流瓶”功能完成品牌信息的传递，由于其不可预测的无目的信息投递模式，与路边发传单类似，所以也常被称作“发电子传单”。

本书 5.5 节已经介绍过漂流瓶的使用，主要有“扔一个”和“捡一个”，目前“扔一个”和“捡一个”都限制在每天 20 个瓶子，所以营销活动的数量受到了一定的限制。这就需要用户在填写瓶子内容时能仔细斟酌，编写出让用户愿意回复的、有趣的信息。

“漂流瓶”模式本身可以发送文字或者语音信息，如果营销得当，会产生不错的效果。而语音模式，能让用户觉得更加真实。但是如果只是纯粹的广告语，是会引起用户反感的。如图 12.6 所示是某餐厅编辑的漂流瓶信息。

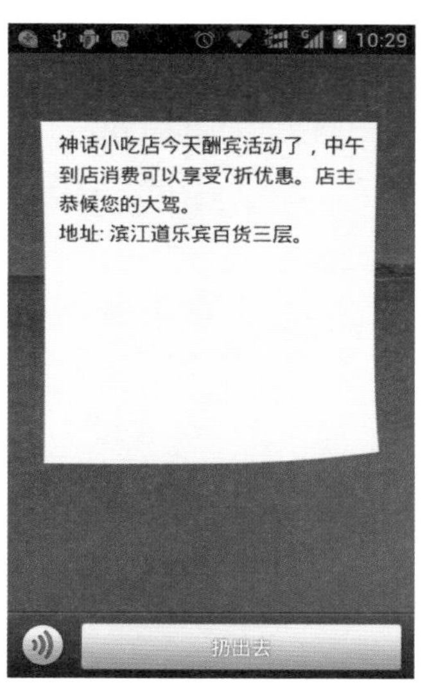

图 12.6 漂流瓶营销

当然，如果是比较大型的营销活动可以直接与腾讯官网合作，对漂流瓶的参数进行更改，使得商家推广的活动在某一时间段内抛出的“漂流瓶”数量大增，普通用户“捞”到的频率也会增加。该方法在本章 12.3 节介绍的招商银行的漂流瓶营销案例中将会讲到。

12.2.3 二维码

二维码在微信中获得了非常广泛的应用，例如用户可以通过扫描别人的二维码名片来添加好友、关注企业；用户也可以利用微信软件生成自己的二维码名片发给其他人，让他人加自己为好友；除了添加好友外，二维码还可以用来登录“网页版”微信。可以说二维码已经逐渐走入我们生活的方方面面，随着技术的发展二维码的应用也会越来越广。

结合 O2O 展开的各种商业活动也将是二维码应用的一个趋势，商家将自己的折扣等优惠活动做成二维码张贴在顾客所及的地方来吸引消费。网站和 App 开发者也可以将自己的网址和 App 下载地址做成二维码的形式，用户扫描后即可进入网站或开始下载。

12.2.4 开放平台

微信开放平台主要面向企业等拥有一定开发能力的用户，该平台为开发者提供了用户接口，开发者可以将自己开发的软件接入微信，微信则会定期将开发者的软件推荐给 3 亿微信用户，开发者利用微信的朋友圈等实现自己应用的病毒式传播。

商家想要自己开发的产品在微信中获得推广需要满足以下两个条件：

- 自己开发的产品已经成功接入微信开放平台。
- 产品符合微信的 UI 规范。

要满足上述第一个条件，用户可以在微信开放平台的官方网站，注册并登记自己的应用，获得 AppID。开放平台网址为：http://open.weixin.qq.com/，用户在该网站还可以找到关于应用开发的包括 UI 规范在内的更多详细说明，如图 12.7 所示。

图 12.7 微信开放平台网页界面

对于开发者来说还可以在自己的应用里加入分享到微信的功能，推广时可以通过很多具有大量好友的微信个人帐号通过分享功能进行传播，这里以多米音乐为例来说明。

（1）打开多米音乐听歌页面，点击软件的分享按钮 ，在弹出的选择窗口点击“通过微信分享”，如图 12.8 所示。

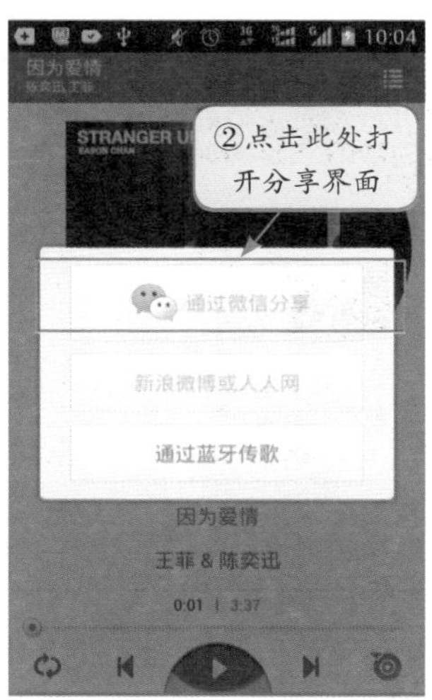

图 12.8 多米音乐软件的分享功能

（2）在弹出的界面可以点击“点歌给微信好友”或者是“分享歌曲到朋友圈”，此处选择“点歌给微信好友”，然后在好友选择界面选择要点歌的好友，如图 12.9 所示。

图 12.9 点歌给好友

（3）在弹出的页面输入想要说的话，再点击分享，分享成功后软件做出提示，此时点击返回即可，如图 12.10 所示。

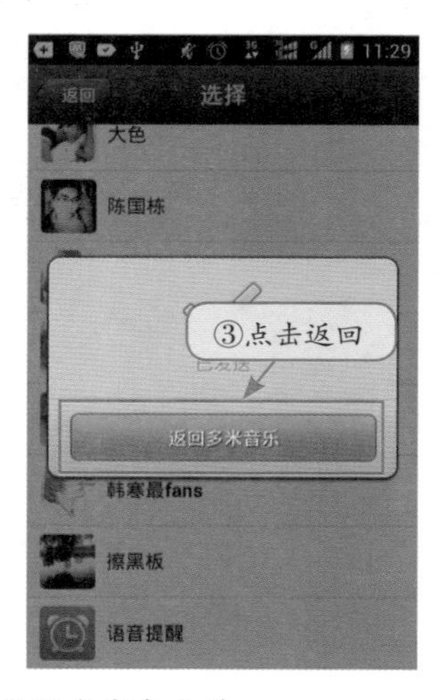

图 12.10 输入信息给好友完成点歌

（4）对方收到后可以直接点击播放音乐，在音乐的下方有“来自多米音乐”的提示，点击下方的“来自多米音乐”，可以打开下载多米音乐播放器的界面，推荐用户下载应用，推广应用的目的就此达到，如图 12.11 所示。

图 12.11　收听歌曲与下载软件

12.2.5　语音营销

相比于文字，语音更能给人亲切的感觉，容易拉近营销人员与受众的距离，同时语音又不会像视频一样消耗大量的流量。借助语音营销结合其他几条途径可以获得良好的效果。

2012 年 7 月 27 日首播的“超级星播客”，利用微信公众平台开创了国内第一档基于微信的手机语音播报节目，让中国体育迷在指尖上过了一把奥运瘾。从 7 月 27 日伦敦开幕式正式播出至 8 月 12 日奥运结束，超级星播客特邀专家董璐、名嘴孟非，全程陪微信用户度过这短暂而又漫长的 17 天，麻辣评述奥运话题，犀利解说奥运热点，每天三个时段，第一时间与用户实现端对端的互动。超级星播客的宣传海报，如图12.12所示。

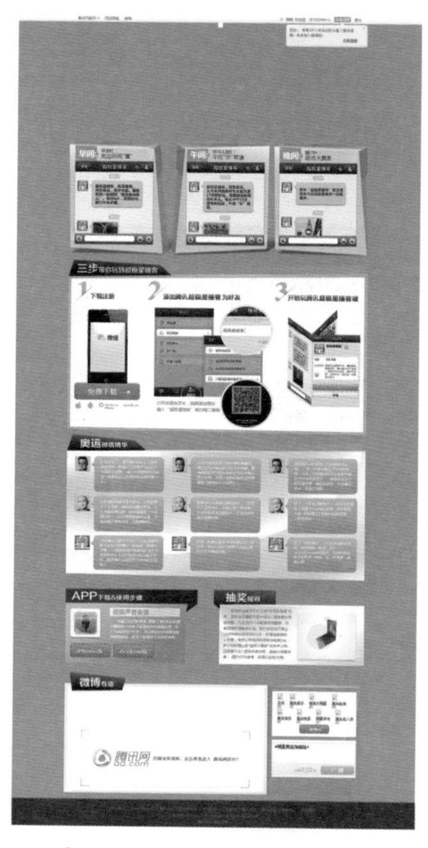

图 12.12 超级星播客宣传海报

12.2.6 微信公众平台

公众平台以其无门槛的注册条件吸引了大量的企业、商家以及个人用户，是微信主打的网络营销平台。

微信公众平台是一个去中心化的平台，在这里任何人都可以有自己的专属平台，有自己的粉丝。借助公众平台，关注者与被关注者结成一对一的专属关系。也是这样的关系使得公众平台成为一个新型的独具特色的营销平台。

关于微信公众平台可以实现怎样的营销模式在网络上掀起了激烈的讨论，概括来说，主要有以下三点。

1. 实现品牌创立与推广

腾讯推出公众平台所秉持的口号是："再小的个体，也有自己的品牌"。可见公众平台在诞生之初就照顾到了中小商家以及个体，成为他们品牌推广可依赖的平台。

作为品牌推广平台，公众平台还有一个非常显著的特点是缩小

了小个体与大企业之间的差距。在传统的网络世界里，大的公司与企业都有自己独立的网站来专门负责自己品牌的宣传和维护。而在公众平台里，无论是小个体还是大企业都只能有一个具有相同功能的微信号。公众平台弱化了大企业所具有的资金和技术优势，使得他们与小个体站在同一个起跑线上，必须通过优质的服务才能真正吸引用户，实现品牌的推广和宣传。

2. 用于客服服务

在关注者看来，他所关注的公众号只是他的另一个好友而已，其与公众号的互动不会被另外的人看到。这样的封闭关系，使得公众平台成为理想的客服服务场所。企业可以利用自己的公众平台实现对客户的优质服务。

不过在实际实施阶段，面对大量的客户，都实现一对一的服务相对困难。目前已经有很多企业与微信官方合作将企业自己的客户关系管理（Customer Relationship Management，CRM）系统与微信公众号对接，实现了信息的智能自动回复。

比如“订酒店”这个公众帐号。当用户在微信中把自己当前的地理位置（微信可以直接发送地图信息）发送给“订酒店”之后，“订酒店”会回复一条信息，告诉用户附近有哪些酒店可以预订，并提供订房的费用和电话号码（目前不支持直接付费），如图 12.13 所示。

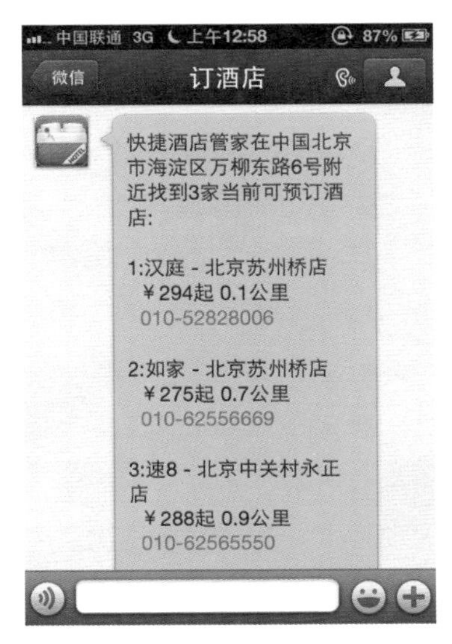

图 12.13 “定酒店”公众帐号

3. 实现电子商务功能

目前登录微信公众平台的企业多以品牌宣传为主，或者推送一些励志、娱乐的图文消息。但是微信与电子商务的结合被认为是微信未来的发展方向，其中蕴藏了巨大的商机。

也许不久的将来，人们购物只需拿起手机发一条微信就可以了。

总之，目前微信公众平台还不是非常成熟，仍处在发展探索的阶段，但是其发展潜力值得引起所有营销人士的重视。12.3 节将介绍利用公众平台的成功营销案例。

12.3 微信营销的成功案例

虽然微信还是一款新的网络产品，但是聪明的营销人员早已掀起了微信营销的热潮，本节将介绍几个经典的微信营销案例，以期能为读者的微信营销活动提供参考。

1. 案例一 招商银行案例——活动式

该案例是招商银行与腾讯直接合作，主要通过在微信里传播宣传招商银行的漂流瓶来实现营销的目的。

营销活动中招商银行在微信中扔出大量的漂流瓶，通过腾讯后台的技术支持，招行漂流瓶被捡到的概率大大增加，用户每捡十个漂流瓶，就会有机会获得一个招商银行发出的漂流瓶。

漂流瓶的内容是以推广某活动的形式推出的，此例中招行发出的漂流瓶是一个爱心漂流瓶，用户如果回应，即可捐出一个积分，每 500 个积分就可以送给自闭的孩子一个课时的专业辅导训练，如图 12.14 所示。

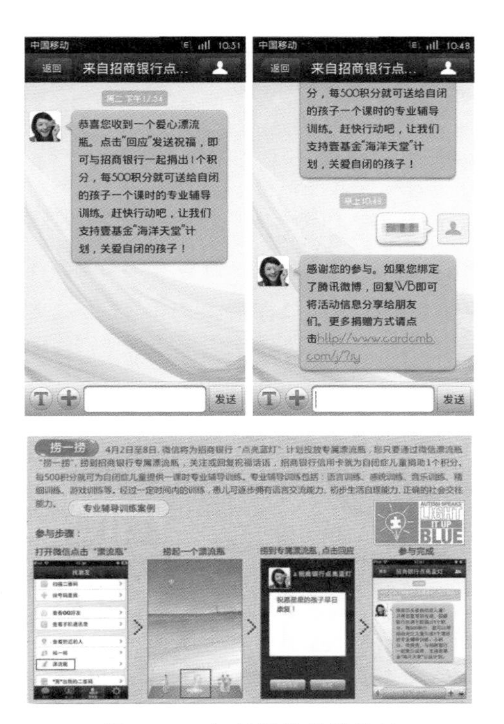

图 12.14 招行微信营销案例

点评：通过此次活动，让更多的年轻人了解并参与了招行的“点亮蓝灯”计划。同时活动也为招行的公众平台带来了大量的关注用户，为以后可能的营销活动获得了大量宝贵的用户资源。

2. 案例二 星巴克《自然醒》——互动式

当用户添加“星巴克”为好友后，用微信表情表达心情，星巴克就会根据用户发送的心情，用《自然醒》专辑中的音乐回应用户。星巴克《自然醒》活动的宣传海报，如图 12.15 所示。

点评：星巴克借助微信，为用户提供了轻松、惬意、有趣的互动体验。突破了传统营销模式受时间地域限制、参与度不高等弊端。

让更多的潜在客户了解并认同“星巴克”的生活品味与观念，达到了很好的营销效果。

3. 案例三 杜蕾斯——陪聊式

杜蕾斯团队充分利用了微信私密、单独聊天的特点，专门成立了8 人陪聊组，与用户进行真实对话。延续了杜蕾斯微博上的风格，杜蕾斯在微信中依然以一种有趣的方式与用户“谈性说爱”。杜蕾斯开通微信时的宣传图，如图 12.16 所示。

图 12.15　星巴克微信营销案例

图 12.16　杜雷丝微信营销案例

据杜蕾斯代理公司“时趣互动”透露，目前除了陪聊团队，还做了 200 多条信息自动回复，并开始进行用户信息的语义分析研究。

现在微信公众平台已经提供了基本的会话功能，让品牌与用户之间做交互沟通，但由于陪聊式的对话更有针对性，所以商家无疑

需要大量的人力成本投入。

点评：杜蕾斯陪聊模式是微信客户服务的典型应用，该模式最大程度地培养了客户的忠诚度，为品牌塑造了良好形象，实现了品牌推广的营销目的。

4. 案例四 深圳海岸城“开启微信会员卡”——O2O 式

二维码是微信的一大支柱性功能，商家可以利用微信发布自己品牌的二维码，用户只需用手机扫描商家的独有二维码，就能获得一张存储于微信中的电子会员卡，可享受商家提供的会员折扣和服务。这种结合二维码并用折扣和优惠来吸引用户关注的方式，开拓了 O2O 的营销模式。

深圳大型商场海岸城推出“开启微信会员卡”活动，微信用户只要使用微信扫描海岸城专属二维码，即可免费获得海岸城手机会员卡，凭此享受海岸城内多家商户优惠特权，图 12.17 为这次活动的宣传海报。

图 12.17 深圳海岸城微信营销案例

点评：深圳海岸城是国内率先使用微信二维码的。通过二维码优惠活动这种新奇的模式，海岸城在短短的 2 个月时间里，获得了 60000 多名会员。通过在微信中推送消费和奖品消息，极大的提高了会员的到店率，增加了海岸城销售额。这是一次非常成功的微信营销。

5. 案例五 多米音乐——第三方应用

自从微信 4.0 版本加入了微信的开放平台，具有开发能力的用户可以通过该平台推广自己的应用，将自己的应用放入微信的应用推荐中或者在自己的应用中加入分享给微信朋友的功能，从而实现口碑式的营销。关于多米音乐的模式在本章 12.2.4 小节中已经作了详细介绍。

6. 案例六 中搜搜悦《蛇年春晚刘谦魔术解密》——热点营销

营销的实质就是满足用户的需求，热点营销即是满足用户第一时间了解热点真相的渴求，满足微信用户的好奇心理，为用户提供有价值的咨询。2013 年春晚过后不久，中搜搜悦就第一时间在微信公众帐号图文并茂地推出了《蛇年春晚刘谦魔术解密》的文章，并在微信群和公众平台进行推广。各大公众帐号及网友对该文章进行转发及分享，次数达到 10 万以上，如图 12.18 所示。

图 12.18 中搜搜悦微信营销案例

点评：在电视退出主要资讯媒体的时代，人们获取信息的途径更多地转向电脑和手机。与电脑相比，手机更具有随身性、及时性。“中搜搜悦”恰恰是把握了这一点，利用微信的公众平台将最新的消息直接推送到用户的手机，抢得先机，获得了极大的成功。

第13章 微信公众平台

新版微信对公众帐号的呈现与运营政策进行了较大调整，新版公众帐号以独立模块出现，被分为订阅号和服务号两个类别来呈现。本章将带领读者认识公众平台，介绍其基本的使用和管理方法，以及如何推广自己的公众帐号，以将其用于网络营销和客户关系管理。

13.1 认识微信公众平台

微信公众平台是腾讯公司于 2012 年 8 月 17 日向用户开放的基于电脑终端的网络推广平台。通过该平台，用户可以向关注自己平台的微信用户群发文字、图片、语音等进行沟通与互动，从而达到营销的目的。该平台主要适合于，政府机构、企业、媒体、商家、名人等具有面向公众服务性质的用户。

微信公众平台的发展不是一蹴而就的，其前身曾命名为“官号平台”和“媒体平台”等，只对部分名人和媒体认证用户开放，最终在12年8月17日该平台面向所有用户开放。随后在很短的时间里，大量的机构、商家、个人注册了微信公众帐号，微信营销成为了大小商家新的营销手段。

微信公众平台的功能主要包括：

- 群发消息

公众号可以按照特定的频率向关注自己的微信用户以文字、图片、语音等形式发送消息。

- 自动回复

公众帐号的用户可以在自己的帐号管理中设置一定数量的关键字，收到个人用户的消息反馈时，帐号可以根据已经设定的关键字帮助管理人员做出回复。

- 点对点交流

除了自动回复，公众帐号也可以与私人帐号单独交流，以满足特定用户的需求。

13.2 微信 6.0 公众平台特色功能介绍

13.2.1 微信 6.0 公众号和订阅号

新版公众平台的功能进行了如下调整：

（1）新版公众平台被分为订阅号和服务号两个类别，有新消息时不再分条提示，只显示一个小红点，点击订阅号或者服务号可具体浏览详细内容，如图 13.1 所示。

图 13.1 订阅号与信息折叠

（2）企业新注册时可以选择服务号或者订阅号的类别，而个人只能选择订阅号，公众号类型选择后不可修改。之前注册成为默认订阅号的公众帐号，可升级为服务号，如图 13.2 所示。

图 13.2　选择公众平台类型

（3）微信服务号可以申请自定义菜单，在会话界面底部设置自定义菜单，用户可以通过点击菜单项，收到对应的消息，如图 13.3 所示。

（4）用户使用 QQ 登录的公众帐号，可以升级为邮箱登录，如图 13.4 所示。

图 13.3　申请自定义菜单

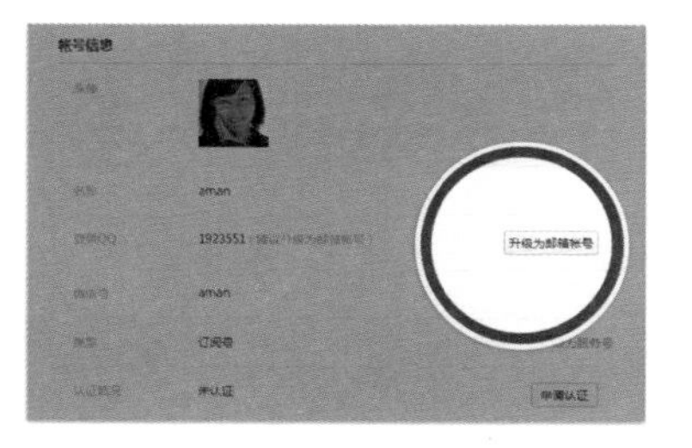

图 13.4　升级为邮箱登录

（5）使用邮箱登录的公众帐号，可以修改登录邮箱，但一个月只允许修改一次，如图 13.5 所示。

（6）运营一方在订阅号中编辑图文消息可以选填作者，如图 13.6 所示。

图 13.5　修改登录邮箱

图 13.6　选填作者信息

（7）群发消息可以一键同步到腾讯微博，如图 13.7 所示。

图 13.7　同步消息到腾讯微博

13.2.2　微信广告主功能

微信公众平台推出了广告主功能，如图 13.8 所示。广告主即进行广告投放的公众帐号运营者，每次投放的广告被点击需要广告主付费，可以选择选择投放的时间段和人群，以及设置推广的价格。对于广告主而言，有以下优势：

图 13.8　微信广告主

① 可通过广点通投放端做自定义移动页面的广告投放，广告形式仍然为图文消息全文页面底部的文字链接。

② 广告主可向不同性别、年龄、地区的微信用户精准推广自己的服务，以获得潜在用户。

③ 广告主还可监测广告效果，查看曝光量、点击量、点击率、关注量、点击均价、总花费等关键指标，并及时调整出价，获得最佳的广告效果。

经过广告主推广的广告在微信手机客户端中的显示位置如图 13.9 所示。

图 13.9 微信客户端显示

13.3 微信公众平台注册

如果用户的 QQ 没有跟任何私人或者公众微信帐号绑定，那么用户可以直接用自己已有的 QQ 号注册登录微信公众平台。不过对于许多玩微信的朋友来说，一般都已经将自己的 QQ 与自己的私人微信帐号绑定。为了避免解绑 QQ 的麻烦，本节介绍使用个人邮箱注册微信公众帐号的方法。

在注册公共帐号前还需要完成下列准备工作：

- 已经申请个人常用电子邮箱。
- 想好自己公众帐号的用途。
- 个人身份证的扫描版或者可以看清的身份证照片电子版。
- 为自己的公众帐号想好帐户名称（2~16 字），帐号名称一经设定后无法更改。
- 为自己的公众帐号准备一张满意的头像照片，比如公司标志等，头像一经微信团队确认后将不能更改。

下面详细介绍如何注册自己的微信公众帐号。

（1）打开电脑的浏览器在地址栏内输入网址 http://weixin.qq.com/，在打开的页面点击“公众平台”，如图 13.10 所示。

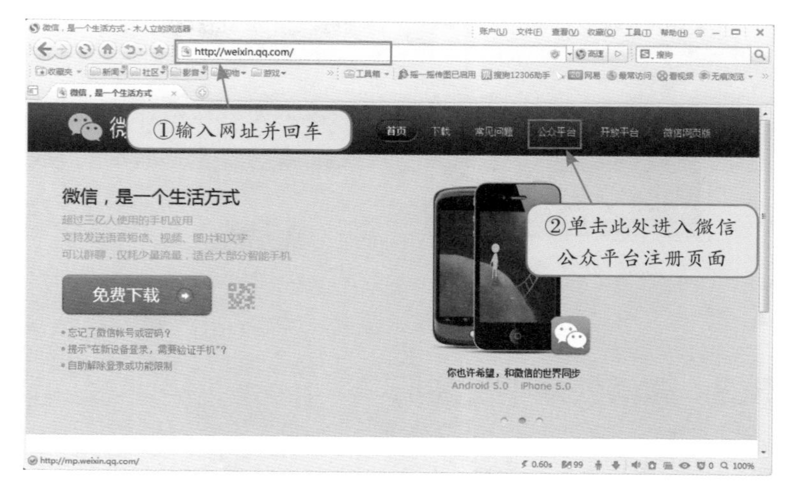

图 13.10 进入微信公众帐号注册页面

（2）在弹出的页面点击“注册”，如图 13.11 所示。

图 13.11　微信公众帐号注册页面 1

（3）在弹出的注册界面依次填写邮箱地址、密码、验证码，并点击“我同意并遵守《微信公众平台服务协议》”，最后点击“注册”，如图 13.12 所示。

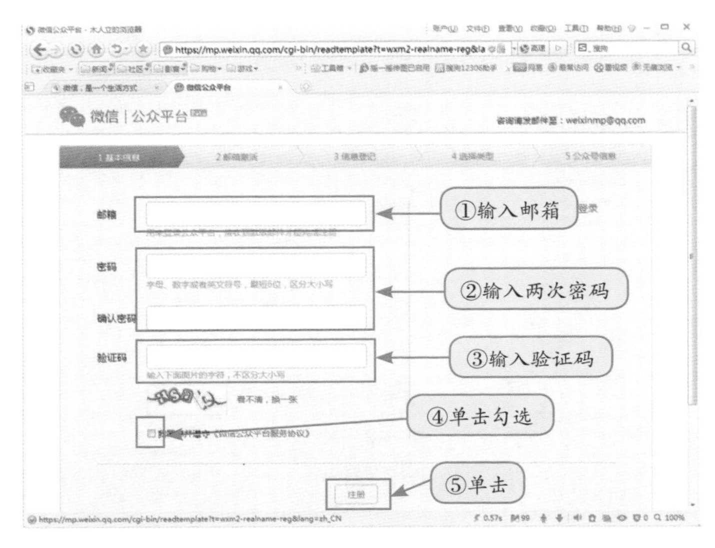

图 13.12　公众帐号注册页面 2

（4）点击“注册”后，用户填写的注册邮箱里会收到一份“微信团队”发来的标题为“激活你的微信公众平台帐号”的邮件，登录自己的邮箱，点击邮件中的链接即可完成激活，如图 13.13 所示。

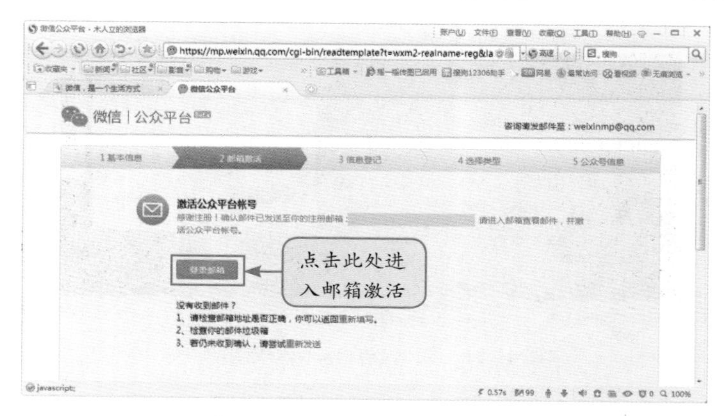

图 13.13　公众帐号注册页面 3

（5）激活完成后弹出信息登记界面，如图 13.14 所示。在该界面分别依次填入姓名、身份证号码、上传身份证照片、手机号码等信息，最后点击“继续”。

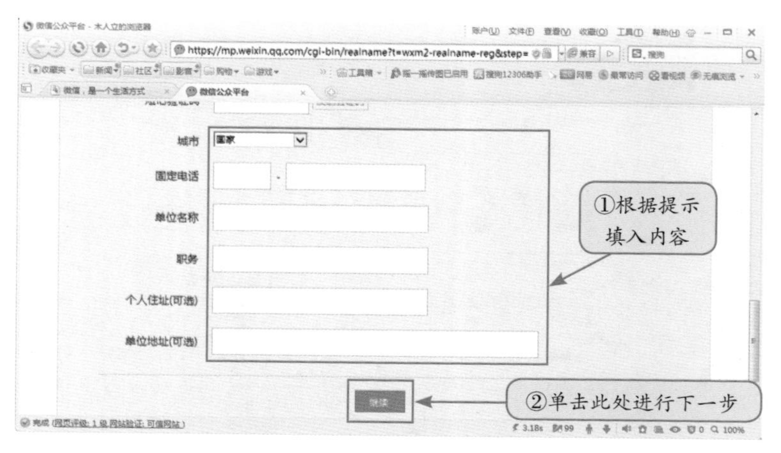

图 13.14　公众帐号注册页面 4

（6）点击“继续”后进入公众号类型选择，如果运营主体为单位，则可以选择“服务号”或者“订阅号”，如果运营主体为个人，则只能选择“订阅号”，如图 13.15 所示。公众号类型选择之后不可更改。

图 13.15　公众帐号注册页面 5

（7）类型选择完成后，点击“继续”，此时进入信息设置界面，如图 13.16 所示。

（8）信息输入完成后，点击“完成”即可完成公众帐号的创建，如图 13.17 所示。但此帐号需要进行审核，在通过审核之前，无法申请认证，也无法使用群发功能和高级功能。

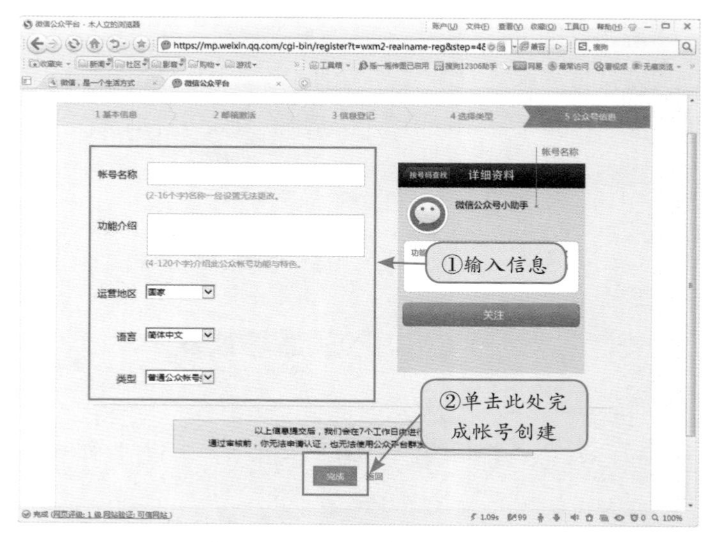

图 13.16　公众帐号注册页面 5

图 13.17　公众帐号注册页面 6

13.4 微信公众帐号设置与管理

微信公共帐号的管理主要是通过电脑浏览器进行的，按照 8.2 节的步骤注册公共帐号并登录可以看到公共帐号的管理页面，如图 13.18 所示。

13.4.1 帐号的信息设置

在注册公众帐号时已经填写了微信帐号、功能介绍，设置了语言、运营地区等信息，不过在注册完成后还需要为自己的公众号设置头像并设置微信号。

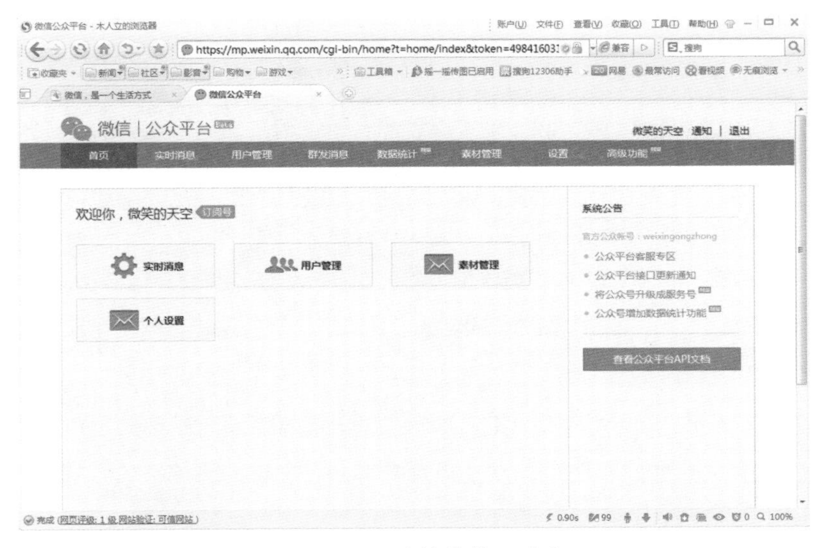

图 13.18 公众帐号管理页面

- 设置头像

设置头像的方法是，在公众平台的浏览器页面点击“设置”，然后在“帐号信息”设置界面点击“修改头像”，然后按照提示选择已经准备好的公众号头像，上传头像即可，如图 13.19 所示。头像在一个月这内只能申请修改一次。

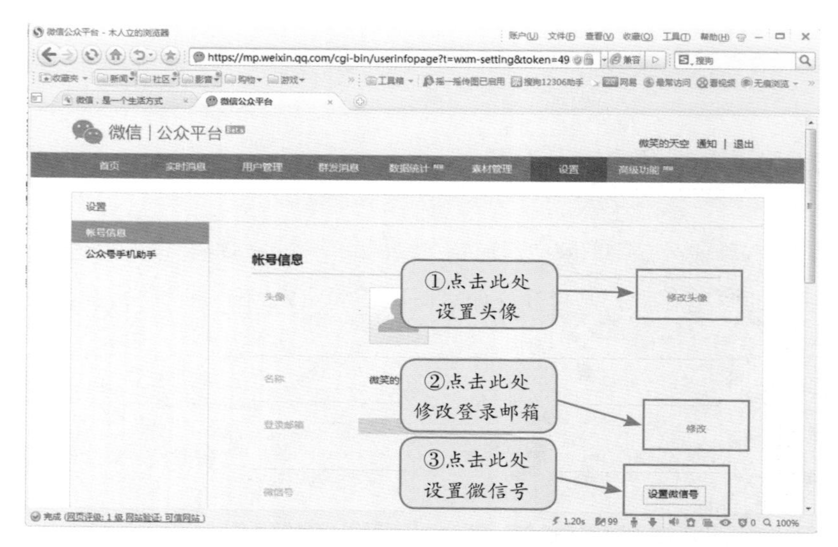

图 13.19　帐号信息设置界面 1

- 登录邮箱修改

点击图 13.19 中，“登录邮箱”的位置点击“修改”可修改登录邮箱，但一个月只能修改一次。

- 设置微信号

公共帐号的微信号与个人微信号遵循同样的命名规则，并且设置后也不能修改，所以，对于商家来说能给自己起一个容易让他人记住的微信号是非常重要的。

设置微信号的方法是在图 13.19 所示界面中，在“微信号”的位置点击“设置微信号”，然后在弹出的窗口输入自己想要的微信号即可。

提示：与个人微信号一样，每个公众帐号也只能有其唯一的微信号，如果用户想到的微信号已经被他人占用，可以通过添加下划线来加以区分。比如，微信号 good 如果已经被占用，则可以修改为 good_myname 等。

- 绑定腾讯微博

如果绑定了腾讯微博，你可以将你群发的消息同步到腾讯微博。点击“现在绑定”即可将你的公众号与腾讯微博进行绑定，如图 13.20 所示。

图 13.20　帐号信息设置界面 2

13.4.2　实时消息

实时消息功能是用来管理关注用户发来的信息的，在这里可以查看关注者发来的消息、与关注者进行一对一的聊天，提供一对一的信息服务。

（1）在公众平台的管理界面，点击“实时消息”，可以进入实时消息。

（2）在实时消息界面点击左侧消息分类类别，可以查看不同时段收到的信息。

（3）消息列表中列出了收到的消息，点击即可与相应的用户对话。

上述步骤如图 13.21 所示。

图 13.21　查看实时消息

13.4.3　用户管理

“用户管理”功能可以实现对关注用户的分类管理，使用该功能可以对关注用户按照年龄、性别或者职业等进行分类，建立分组。这样在群发消息时可以选择只将信息发送给部分组别的用户。

（1）在公众平台管理界面点击“用户管理”选项卡即可进入用户

管理的界面。

（2）用户管理左侧是用户分类，点击“+ 新建分组”可以添加新的分类。

（3）点击分组列表可以查看该组成员。

上述 3 步如图 13.22 中①、②、③所示。

（4）如需移动用户的分组，则依次操作：选择该用户→点击分组栏下拉按钮“▾”→选择分组→点击“放入”，如图 13.22 中④、⑤、⑥、⑦所示。

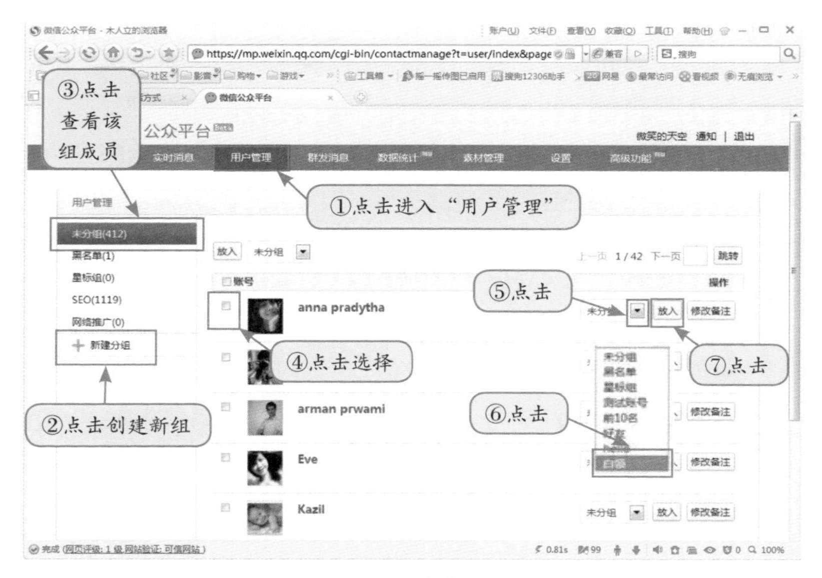

图 13.22　用户管理界面

13.4.4　素材管理

用户发信息时所需要的图片、语音、视频等媒体材料都在“素材管理”中集中管理。用户可以将自己需要的视频、语音以及图片等统一在此上传，也可以选择在编辑消息需要材料时再选择上传。

公众平台支持的素材规格为：

图片：2MB 以内，bmp、png、jpeg、jpg、gif 格式。

语音：60 秒内语音，mp3、wma、wav、amr 格式。

视频：20MB 以下的文件，rm、rmvb、wmv、avi、mpg、mpeg、mp4 格式。

在公众平台的管理中图文消息是最经常发送的消息类型，图片、语音及视频素材的管理与图文消息类似，本文将不再赘述。下面介绍图文消息的管理。

图文消息是将图片和文字按照一定的格式组织起来的统一的消息。目前公众平台提供“单图文消息”和“多图文消息”两种模式。用户可以在该界面先将准备要发给粉丝的“图文信息”按照这两种模式编辑完成，并测试好，这样可以保证发给用户的信息完整、权威，避免发生错误。下面分别介绍单图文信息和多图文信息的创建方法。

1. 单图文消息的创建

在公众号管理界面点击“素材管理”进入素材管理界面。在素材管理界面，将鼠标移至加号区域。此时加号变为两个选项：“单图文消息”与“多图文消息”，根据需要任选其一，此处举例选择“单图文消息”，如图 13.23 所示。

然后，在弹出的编辑页面里依次执行下列操作添加标题和上传图片。

（1）在标题框中输入标题。

（2）点击上传按钮。

（3）在弹出的文件浏览窗口中选择自己的图片。

（4）点击“打开”完成封面上传。

上述 4 步的操作如图 13.24 所示。

图 13.23　单图文消息创建界面

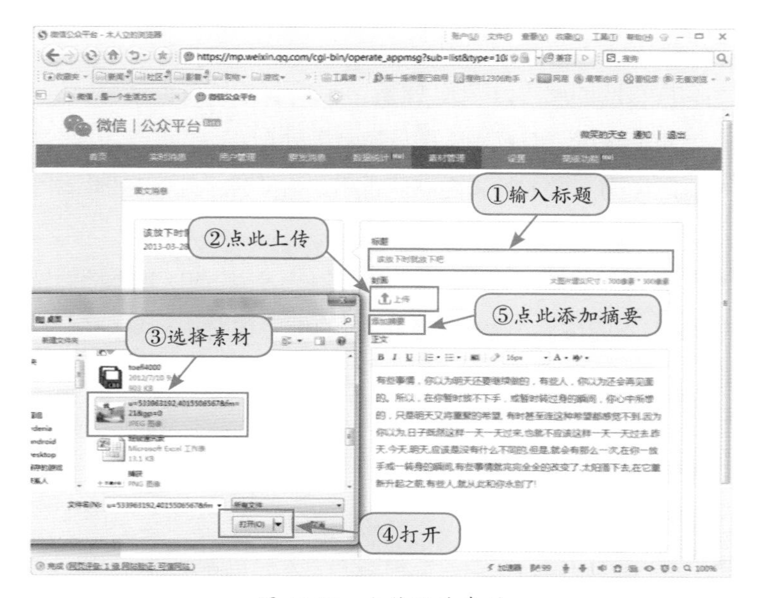

图 13.24　上传图片素材

（5）上传完成后点击“添加摘要”可以为图文消息添加摘要，如图 13.24 中第⑤步，然后在正文处输入正文，此时在左侧形成了完整的图文消息的预览，如图 13.25 所示。

图 13.25 为图文信息添加摘要

编辑消息需要注意以下几点：

- 图片最佳的尺寸是 700 像素 × 300 像素的横向图片，读者可以根据该尺寸对选用的图片做裁剪处理。
- 标题尽量不要太长，否则在手机上可能会不能完全显示，建议标题不超过 24 个字。
- 字体大小一般在 15px 至 18px 之间，用户可以根据需要选择。

（6）编辑完成后可以将刚刚编辑的信息先发送到某个个人微信帐号进行预览，这样可以在手机上查看到格式等方面的错误然后重新修改，保证编辑的信息准确无误，以免群发信息时造成遗憾。

发送预览的步骤如下。

- 点击编辑页面最下方的“发送预览”。
- 在弹出的窗口输入要收看预览的个人微信帐号。
- 点击确定。

上述 3 步如图 13.26 所示。

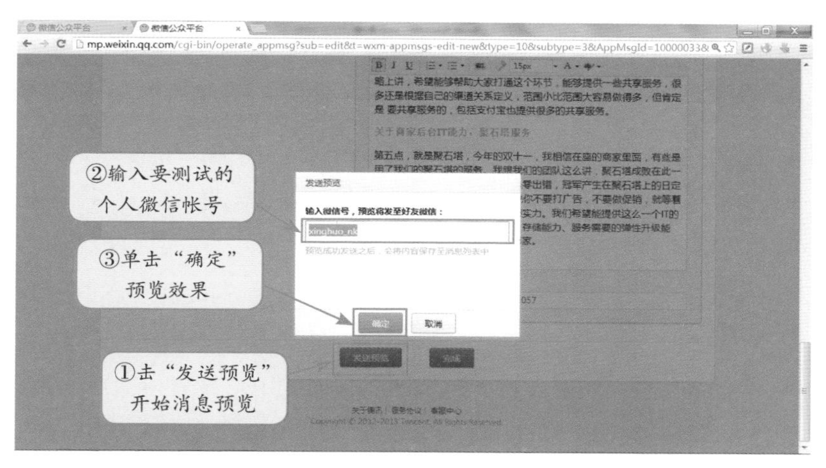

图 13.26　打开效果预览

（7）在手机上查看刚刚发送的消息，如图 13.27 所示。如果有格式等方面的错误可以返回修改，以保证图文消息无误。

2. 多图文消息创建

多图文消息则是一则消息中包含多条单图文消息，主要用于发布关系相近的一组信息或者专题。创建多图文消息的步骤如下：

（1）将光标移至“图文消息列表”的加号处，然后点击“多图文消息”，如图 13.28 所示。

图 13.27　效果预览

（2）在多图文编辑界面点击“增加一条”可以依次添加多条图文消息，如图 13.29。多图文编辑与单图文编辑类似，这里不再赘述。

编辑多图文消息要注意以下几点：

- 多图文消息至少需要 2 条图文消息组成（上例中由 3 条图文消息组成）。
- 多图文消息一般用于一组相关消息组成的专题的发布，比如一个人物介绍的专题等。
- 多图文消息中第一条图文消息的图片是作为此次专题的封面的，建议尺寸为 700 像素 ×300 像素。
- 第二条图文消息开始，图片的建议尺寸为 100 像素 ×100 像素。

（3）编辑完成后点击页面下方的“发送预览”然后输入要接收预览的个人微信号，最后点击确定，操作如图 13.30。

图 13.28　多图文消息创建界面

图 13.29　添加素材

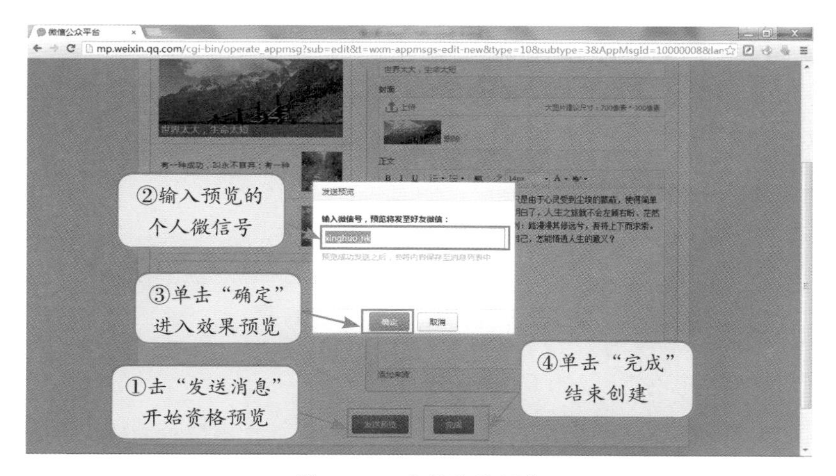

图 13.30　开始效果预览

（4）在手机上查看预览，检查是否存在问题，如图 13.31。

（5）检查完成后，在图 13.28 中点击浏览器编辑页面下方的“完成”按钮保存消息，准备开始群发。

图 13.31　效果预览

13.4.5　群发消息

在素材管理中编辑好消息后，就可以选择在合适的时间将信息群发给各个用户，为用户带来资讯。

群发消息的步骤如下：

（1）点击公共号管理界面的“群发消息”，在“群发消息”界面依次根据需要选择群发对象和群发地区，然后在编辑框的选项卡中点击“图文消息”，如图 13.32。

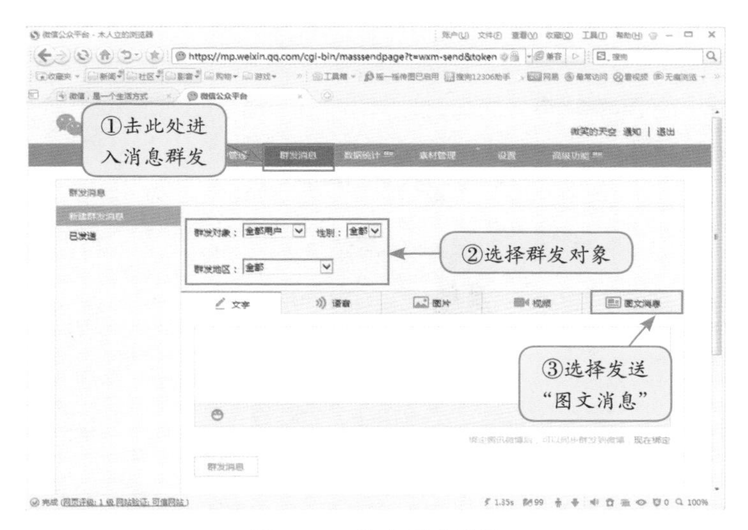

图 13.32　消息群发设置

（2）在弹出的"图文消息"选择窗口中，选择已经编辑好的图文消息，再点击"确定"，如图 13.33 所示。

图 13.33　编辑要群发的图文消息

（3）编辑好要发送的信息后，点击"群发消息"即可完成信息的群发，如图 13.34 所示。

图 13.34　群发图文消息

13.4.6　高级功能

高级功能为公众帐号管理者提供了对关注者的消息做出自动回复等功能。下面介绍高级功能的使用。

1. 开启高级功能的编辑模式

（1）在公共平台的界面点击“高级功能”，进入模式选择界面，如图 13.35 所示。用户需要根据自己的需求选择其中一种模式，此处以“编辑模式”为例。

两种模式的简单介绍如下：

- 编辑模式

启用该模式后，用户可以通过编辑的形式，设置被添时或者用户发来消息时的自动回复。

- 开发模式

开发模式比编辑模式拥有更多的功能及可扩展性，主要面向有开发经验的用户。用户可以用自己的服务器接收来自微信服务器的用户消息，并用程序对消息做出分析和响应。

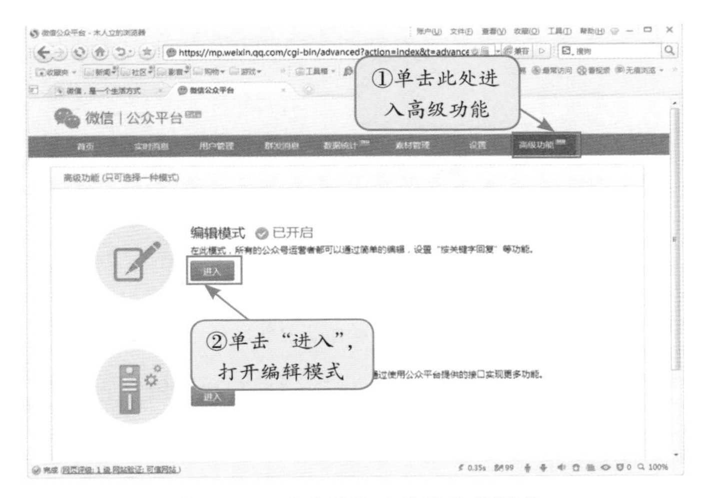

图 13.35　开启高级功能的编辑模式

（2）在弹出的界面点击右上角的开启按钮开启开启该功能，如图 13.36 所示。

图 13.36　开启编辑模式

（3）然后点击“使用此功能”，开启自动回复功能，如图 13.37。

图 13.37　开启自动回复功能

（4）单击“设置”，可以开始设置自动回复的内容，如图 13.38 所示。

2. 设置“被添加自动回复”

（1）目前可以设置三种不同情况下的自动回复：“被添加自动回复”、“消息自动回复”和“关键词自动回复”。

点击“被添加自动回复”进入设置界面，在文本输入框输入想要自动回复的内容，然后点击保存，如图 13.39 所示。

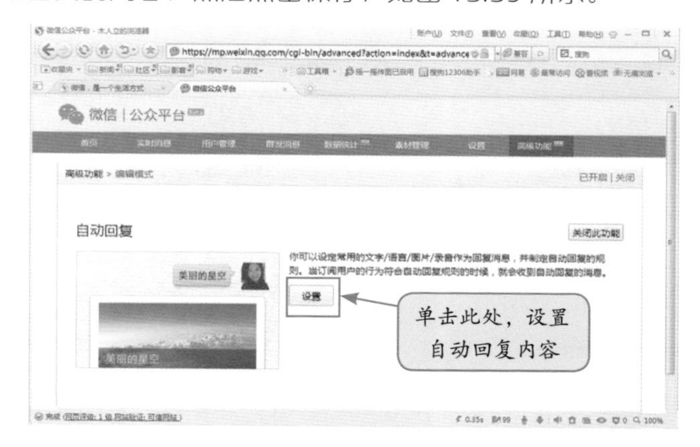

图 13.38　设置自动回复功能

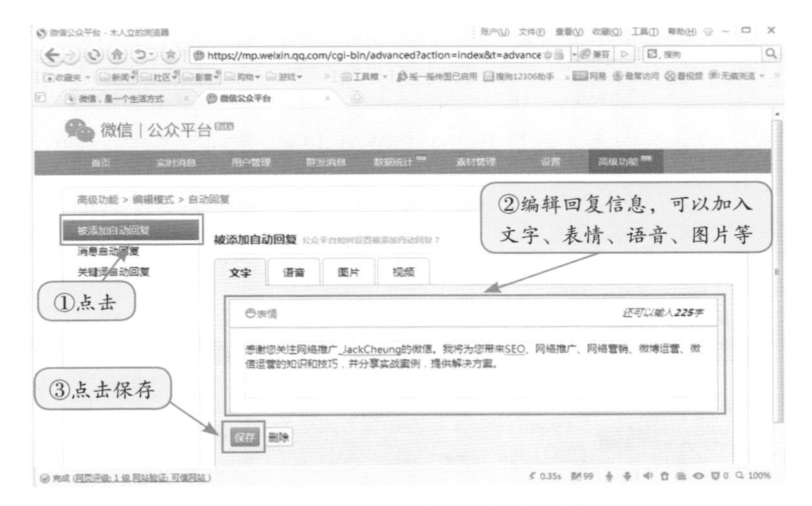

图 13.39　设置“被添加自动回复”

关于“被添加自动回复”的几点说明如下：

- 用户第一次关注你的公共帐号时将收到该处编辑的消息。
- 此处主要用于填写一些关于本公共帐号的简单介绍，或者一些引导信息。
- 信息形式可以是文字或者素材管理中已经上传过的语音、图片和视频。
- 消息最多支持 300 个汉字。
- 尽量不要添加视频、语音等需要较大手机流量的内容，以免给读者造成不好的体验。

（2）完成“被添加自动回复”的设定后，若有微信用户关注你的公共帐号，就会收到一条公共帐号自动回复的消息，如图 13.40 所示。

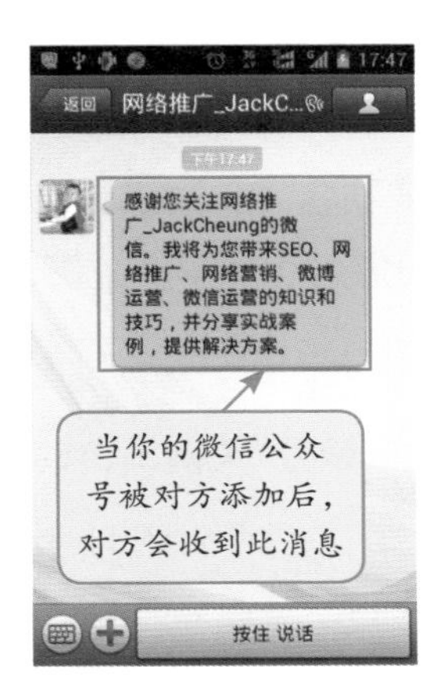

图 13.40　“被添加自动回复”效果

3. 设置“消息自动回复”

（1）单击界面左侧的“消息自动回复”，则进入“消息自动回复”设置，如图 13.41 所示，编辑完回复信息后，点击“保存”即可完成设置。

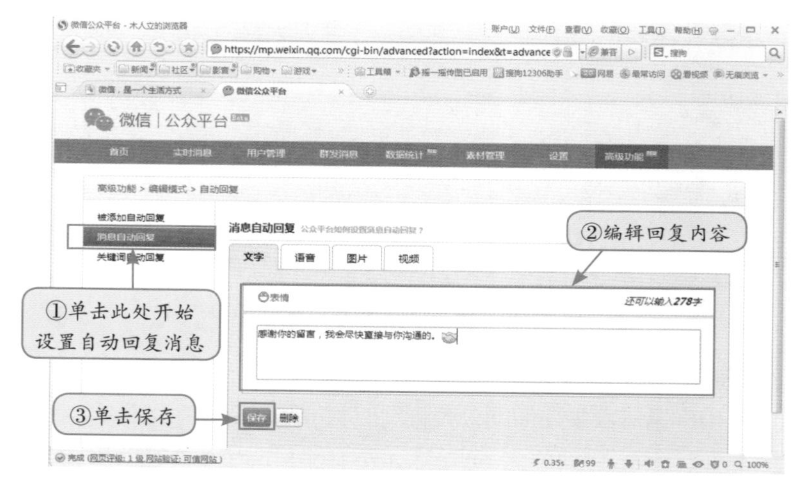

图 13.41　设置消息自动回复

（2）设置消息自动回复后，当关注者给公众号留言时将会收到公众号自动发出的该条信息，如图 13.42 所示。

图 13.42　自动回复效果

4. 设置“关键词自动回复”

与前面介绍的自动回复相比，关键词自动回复则可以让管理者自定义更多的回复。公众帐号的管理者可以

定义不同的关键字，如果用户留言，则系统会自动与管理者定义的关键字匹配，根据匹配结果做出不同的回复，下面介绍如何设置关键字。

（1）在图 13.43 所示的界面中，点击左侧的“关键词自动回复”即可进入关键词的设置阶段，点击右侧的“添加规则”，开始添加规则。

图 13.43　设置“关键词自动回复”界面

（2）在规则名文本框中输入此次创建规则的名称，然后点击左下角的“添加关键字”，如图 13.44 所示。

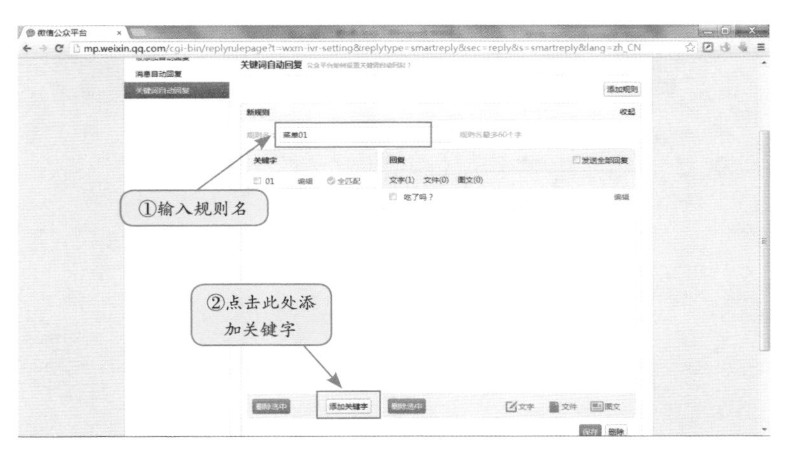

图 13.44　设置“关键字”规则

（3）在弹出的关键字输入窗口中输入要添加的关键字，然后点击“确定”，如图 13.45 所示。

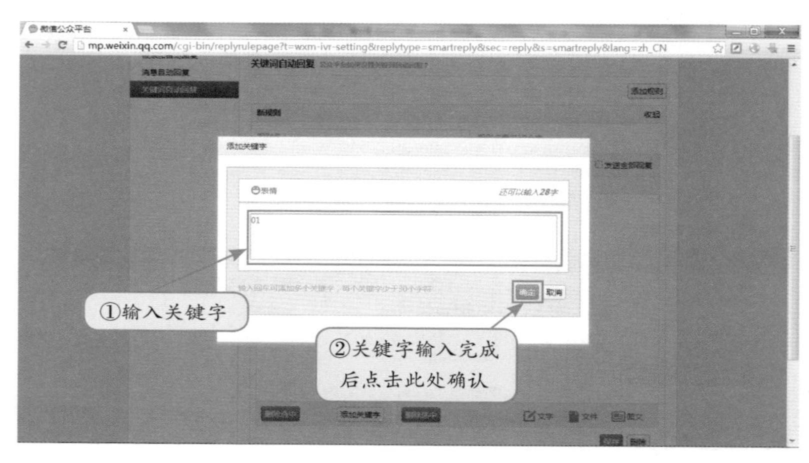

图 13.45 添加关键字

（4）如果需要，为该关键字选择“全匹配”，然后点击回复编辑栏下方的“文字”图标开始编写回复信息，如图 13.46 所示。

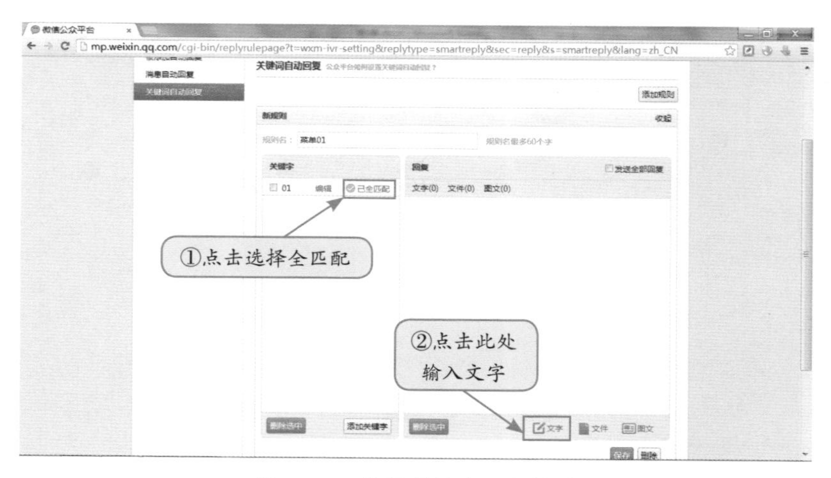

图 13.46 设置关键字匹配规则

（5）在弹出的文字输入框中输入要回复的文字，然后点击“确定”，如图 13.47 所示。

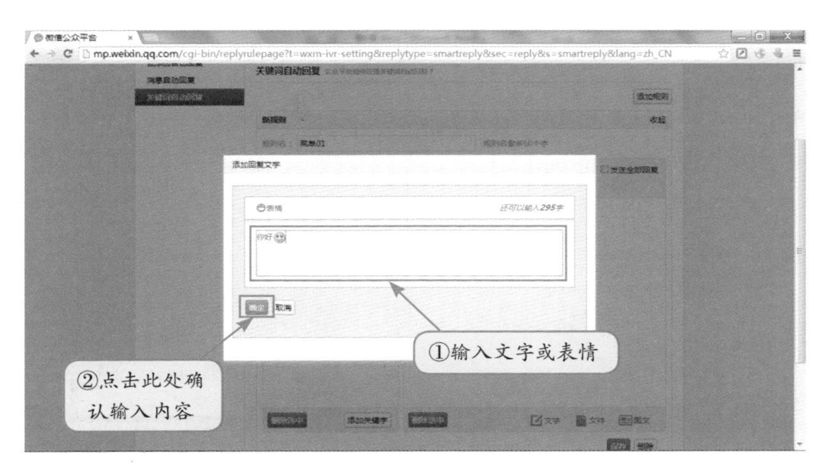

图 13.47　设置消息回复内容

（6）最后点击页面最下方的“保存”按钮，完成该规则的编辑，如图 13.48 所示。

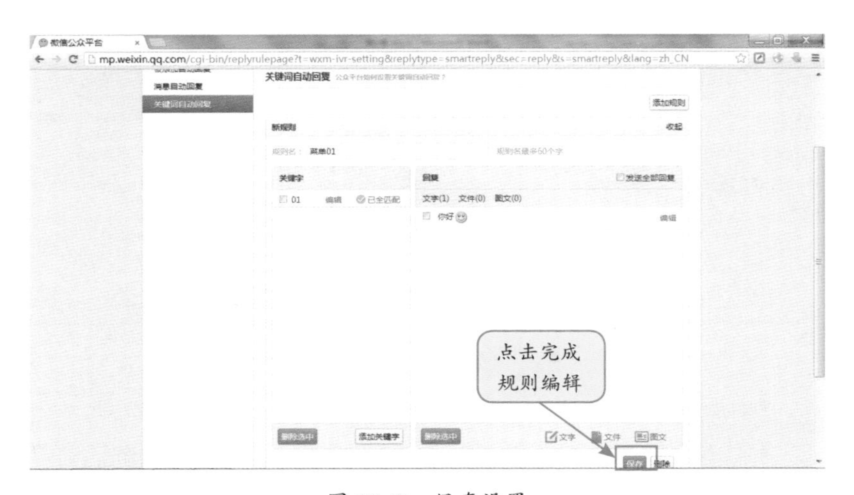

图 13.48　保存设置

（7）此时已经建立好一个最简单的关键字自动回复规则，如果关注自己公众号的用户留言为："01"，则会收到自动回复的内容为"你好（微笑表情）"，如图 13.49 所示。

图 13.49　自动回复效果

关于规则定义的说明如下：

- 每一个规则里可以添加多个关键字和多个回复，如图 13.50 所示。

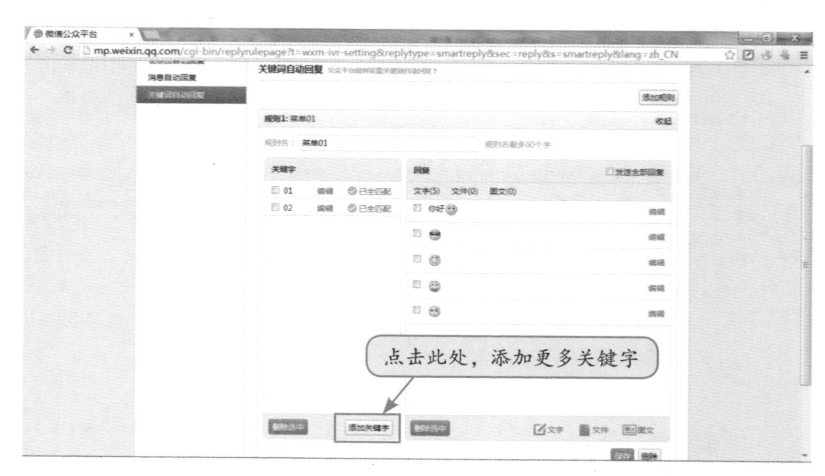

图 13.50　添加多个关键字

- 用户最多可以创建 200 个规则。
- 同一个规则里的多个关键字是并列关系。即用户回复的话语只要与关键字列表中的某个关键字匹配就认为该规则匹配成功，

回复该规则设定回复的内容。

- 同一个规则里最多只能有 5 条回复消息，回复时按照随机抽取的方式选取。
- 规则名可以重复。规则名只是为了帮助管理者标注不同规则的作用，不起唯一标识作用。
- 关键词不可重复。不管关键词是否在同一个规则里都不可以重复，否则，后设置的关键词将代替旧的关键词。
- 关键词全匹配需要注意：如果不选择全匹配，任何包含该关键词的词句都会被匹配。比如若关键词设置为“你好”。下列语句都认为是匹配成功的：“你好吗”、“我好还是你好”、“你好不好？”。如果关键词设置为全匹配，只有发来的消息是“你好”时，才认为匹配成功。
- 若选择“发送全部回复”并“保存”，如图 13.51 所示，则该规则匹配成功后回复所有的设置消息，如图 13.52 所示。

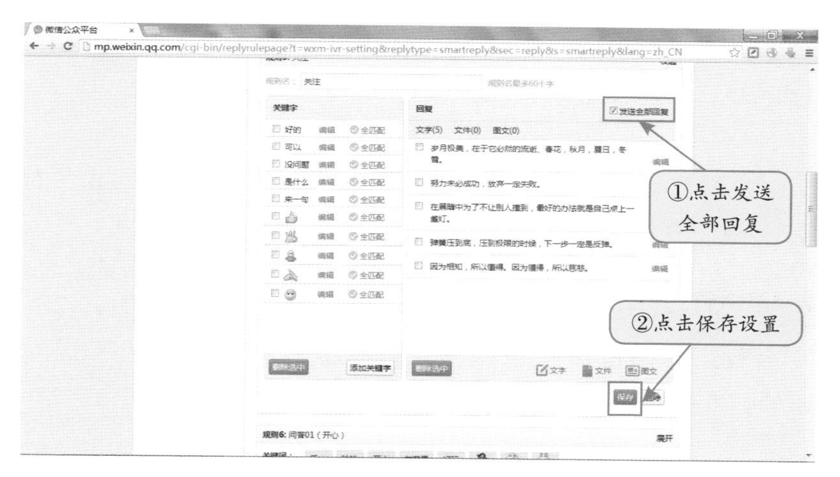

图 13.51　保存设置

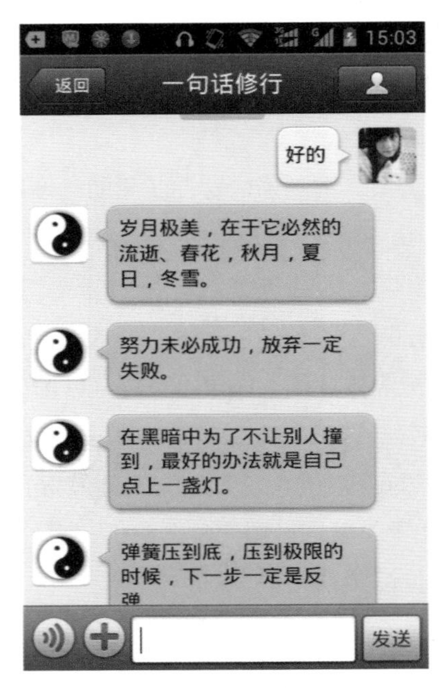

图 13.52　自动回复效果

13.4.7　数据统计功能

新版微信增加了数据统计功能，可以统计任意时刻公众平台的用户信息。在管理界面上点击“数据统计”即可进入。

1. 用户管理分析

查看任意时间段内用户数的增长、取消关注和用户属性等统计，如图 13.53 所示。

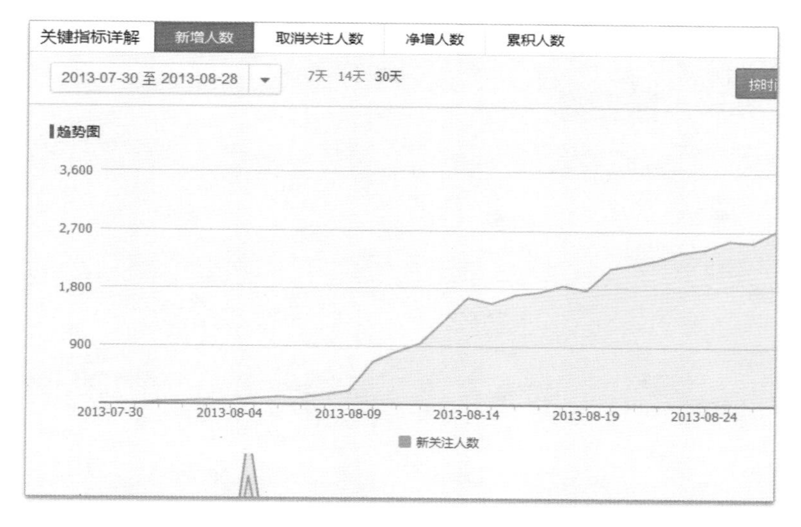

图 13.53 用户管理分析

2. 群发图文消息分析

查看任意时间段内图文消息群发效果的统计，包括送达人数，阅读人数和转发人数等分析，如图 13.54 所示。

3. 用户消息分析

查看针对用户发送的消息的统计，包括消息发送人数、次数等分析，如图 13.55 所示。

4. 接口调用分析

成为开发者的公众号，可以查看接口调用的相关统计，如图 13.56 所示。

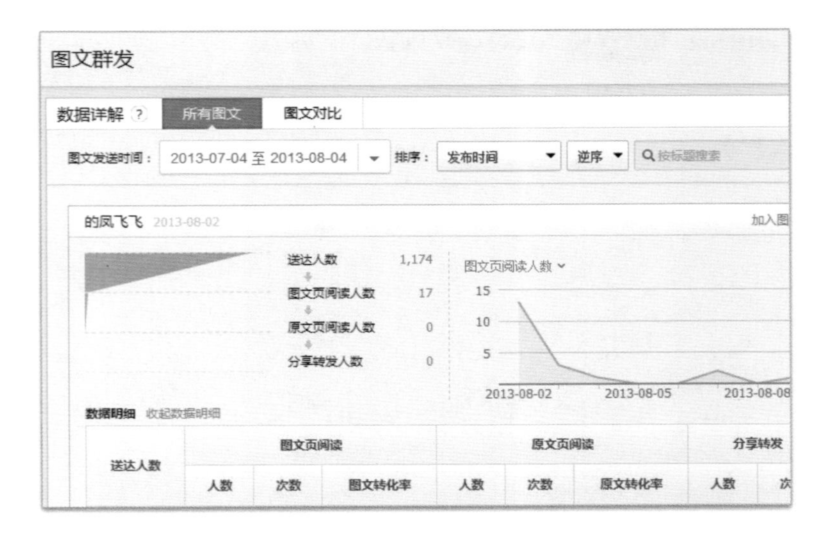

图 13.54　发图文消息分析

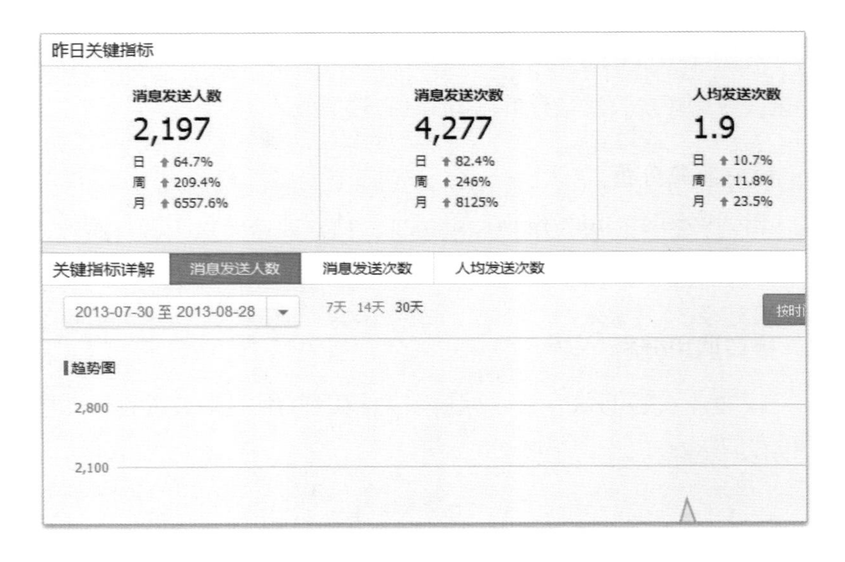

图 13.55　用户消息分析

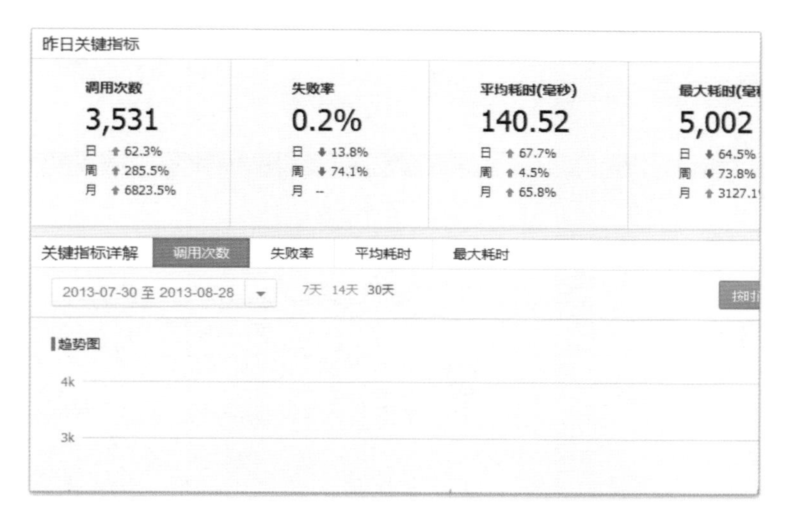

图 13.56　接口调用分析

13.5　公众号手机助手

觉得通过电脑才能与微信公众平台的粉丝互动不方便？没关系，贴心的微信团队为大家提供了“公众号手机助手”功能来实现移动设备上的公众平台管理。本节则主要介绍如何使用“公众号手机助手”，用手机给各个用户群发消息。

（1）使用“公众号手机助手”需要用户已经有一个微信的私人帐号。

（2）打开微信公众平台界面，依次点击“设置”→“公众号手机助手”，然后在绑定微信号的文本输入框中输入要绑定的个人微信帐号，最后点击“绑定”，如图 13.57 所示。

（3）在手机上登录刚刚绑定的个人微信帐号，点击“通讯录”→ + →“搜号码”→输入“mphelper”→点击“查找”，如图 13.58 所示。

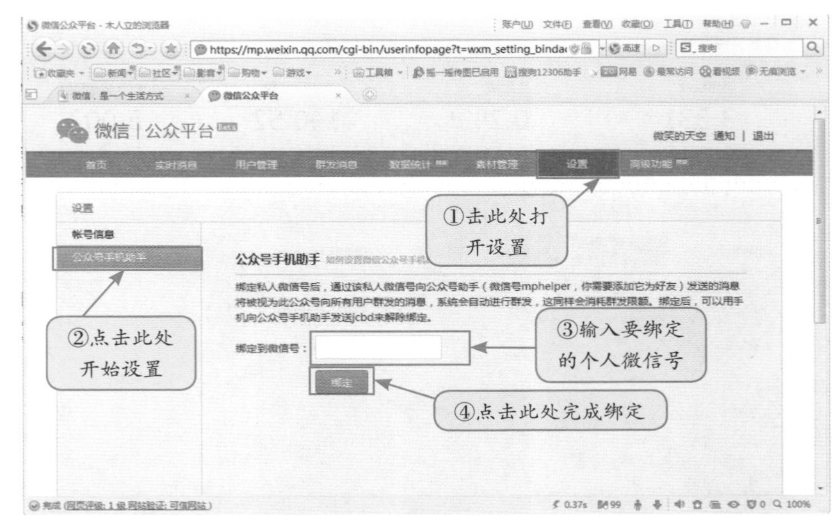

图 13.57 公众号手机助手绑定界面

图 13.58 在手机上搜索绑定的公众号

（4）找到“公众号助手”后，点击“添加到通讯录”，如图 13.59 所示。

（5）添加“公众号助手”为好友成功后，点击“发消息”，开始编辑将要群发的消息，然后点击发送，如图 13.60 所示。

图 13.59 添加绑定的公众号　　　　图 13.60 发送消息

（6）此时会收到一条“公众号助手”的反馈确认消息，回复“Y”即可最后完成公众号的消息群发，如图 13.61 所示。公众帐号的粉丝将受到这条消息。

13.6 公众号的推广

13.6.1 公众号推广的两个思路

由于微信公众帐号不能主动添加私人号为朋友，所以对于商家来说如何推广自己的公众号让更多的人知晓是一件非常重要的事情。

图 13.61 进行消息群发

推广自己的公众号主要的思路有两个：

- 第一是借助其他线上线下的媒体，广泛的宣传、公布自己的公众号二维码等信息，让感兴趣的朋友关注你。
- 第二是借助已经关注自己的微信用户实现“病毒式”的传播。

每个微信用户的个人信息页面都会显示其所关注的公众号的品牌 LOGO，这样其他人在查看其个人信息时就会看到你的公众帐号信息。或者你的关注者可能会分享你所发布的消息让他的好友知道，要想借助“病毒式”的传播模式让更多人知道，需要你有鲜明的 LOGO 及主题，并能有高质量的信息提供给关注者。

13.6.2 公众号推广的方法

微信公众号的推广有以下两个特点：

- 对于不同类型的公众帐号，推广方法是不一样的，比如企业帐号、明星帐号、小商店帐号等。
- 不同的人拥有的资源不同，适合的推广方式也就不同。有的人善于利用网络媒体，有的人则善于利用线下媒体。

基于上述两个特点，本小节只介绍微信推广的一般方法，用户可以根据自己的情况选择。

1. 社交网站推广

对于公司白领，大学生等经常上网的群体来说，通过社交类网站推广自己的微信公众平台是最方便的途径。用户可以将自己的公众号、二维码以日志或者相册照片的形式，分享给自己的好友，获得好友的关注。将社交网站上自己的好友转化为公众号的粉丝。如图 13.62 所示，是人人网上某用户将自己公众号的二维码上传到相册。该用户的好友在新鲜事列表中可以看见二维码，拿手机扫描即可完成添加。

图 13.62　通过社交网站推广公众号 1

在人人网上，用户可以邀请自己的好友分享自己的二维码照片，让好友的好友也可以看到。二维码被好友分享后的效果，如图 13.63 所示。

图 13.63　通过社交网站推广公众号 2

目前国内比较有影响力的社交类网站有：人人网、朋友网、Chinaren、新浪微博、QQ 空间、人和网、51 空间、百度空间等，用户可以根据自己的情况选择。

2. 公众号导航类网站推广

微信公众帐号不能主动添加私人帐号为好友，在微信的个人用户手机终端中，也没有公众帐号分类推荐等功能，所以造成个人用户不能及时找到自己感兴趣的公众帐号，拉大了私人微信与公众平台之间的距离，正是由于这样的弊端，所以在互联网上兴起了大量的公众帐号导航网站，比如有“微信聚”、“聚微信”、“微信导航”和“大喇叭”等。用户可以选择自己认可的导航网站上传自己的公众号帐号信息及二维码。

下面以“微信搜”微信导航网站为例进行说明：

（1）在电脑浏览器打开“微信搜”网站，点击注册链接，如图 13.64 所示。

（2）在弹出的界面点击“立即注册”，如图 13.65 所示。

图 13.64 “微信搜”网站

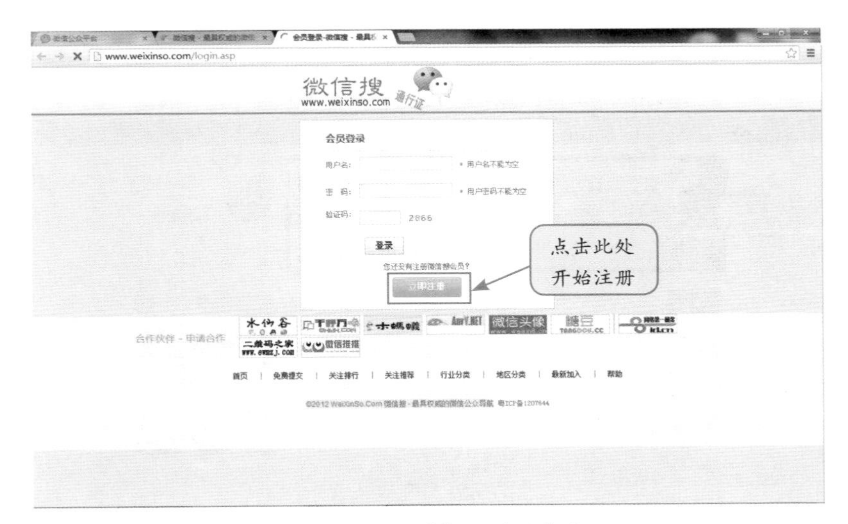

图 13.65 “微信搜”网站用户注册

（3）进入注册界面，根据提示在个输入框中输入注册所需要的信息，然后点击“同意注册协议，提交注册”，如图 13.66 所示。

图 13.66 输入注册信息

（4）注册完成后选择“免费提交”，如图 13.67 所示。

图 13.67　网站登录

（5）在弹出的提交登记信息中，如实填写关于公众号的信息以及个人信息，最后点击“提交”，如图 13.68。此时等待网站通过审核。审核通过后，别人通过该网站就可以搜索到你的公共帐号。

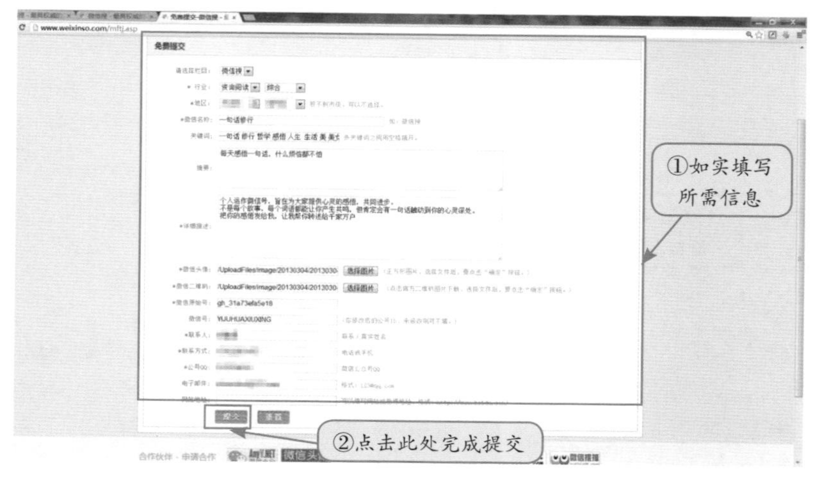

图 13.68　提交自己的公众号到网站

3. 综合社区网站推广

用户可以选择去一些比较有影响力的综合社区网站发帖，推广自己的二维码。目前国内这类的网站有：天涯社区、百度贴吧、猫扑大杂烩、新浪论坛、豆瓣、搜狐社区、凤凰论坛、水木社区、西祠胡同、强国论坛、淘宝论坛，以及网易论坛等。

如图 13.69 所示，是 @ 网络推广 SEO-JackCheung 在天涯营销板面发布的推广自己公众号的帖子。在该帖中 Jack 将自己公众帐号未来 1 个月即将发布的内容以节目单的形式做出预告，这样可以在短时间内吸引大量感兴趣的用户关注自己的公众号。如图所示，很短时间内，该帖的点击量已经达 1208，回复数达 90，事实证明这种营销方式是非常有效的。

图 13.69 通过综合社区网站推广

在这些论坛中发帖推广二维码时需要注意论坛版面的规定，以免带来负面效果。比如在百度贴吧，如果恶意推广可能会被删帖，但是如果将二维码做成头像或者签名的形式，存在的时间将比较久一些。如图 13.70 所示，为某用户将自己的百度帐号的签名设置为自己的微信公众平台二维码。

图 13.70　二维码头像风格推荐

4. 博客推广

博客大约 10 年前在中国出现，是中国较早的具有很大影响力的网络媒体，虽然近些年微博、微信等新的媒体纷纷推出，但是博客凭借其相对静谧、成熟的环境仍然保留了大量的用户，所以博客也是推广微信公众号不容忽视的场所。

博客推广方式特别适合一些与要推广的微信公众号已有同主题且具有一定人气的博客的博主使用，发一篇有影响力的日志或者借助博客开展活动都能将原有的博客读着吸引到微信公众号来。

如图13.71所示，就是@网络推广SEO-JackCheung在自己的博客中开展的一次关注有奖活动，在活动中对于第1200位关注自己微信公众帐号的微信用户赠送了价值27.75美元的专业软件FastHideIP的一年使用授权。

图13.71 通过博客推广

5. 利用个人微信推广

用户还可以利用自己的个人微信推广自己的公众号，在个人微信中用户可以分享自己公众号的内容到朋友圈，感兴趣的朋友看见后即会主动添加。也可以直接通过聊天的形式将自己的公众帐号推荐给好友。

下面介绍分享内容到朋友圈的步骤。

（1）在个人帐号中浏览到公众号发来的内

容，点击右上角的分享按钮，然后点击分享到朋友圈，如图13.72所示。

图 13.72　通过个人微信推广

（2）在弹出的编辑界面输入自己的想法，并点击发送，如图13.73所示。

（3）此时朋友们在自己微信的朋友圈中即可看见刚刚分享的内容，点击链接即可阅读，如图13.74所示。

（4）如果对该内容感兴趣则可以在阅读界面的右上角点击分享按钮，再点击“关注官方帐号”，此时弹出公众号的详细资料，点击“关注”可以关注此帐号，如图13.75所示。

图 13.73　添加推荐信息

图 13.74　在朋友圈中显示的效果

图 13.75　添加关注

6. 线下广告推广

对于一些实体店商家，也可以选择以线下广告的形式推广自己的二维码。比如，商店可以在自己的商店门口贴出自己的二维码，也许路过的顾客就会扫一扫关注你。一般线下的推广可以结合一些实体店的活动，比如加关注优惠，通过二维码发送优惠券等活动，可以大量的吸引用户关注。

如图 13.76 所示，是某家金钱豹自助餐将自己开展活动的二维码张贴于柜台处，供顾客扫描，获得优惠。

图 13.76 线下推广

二维码的线下推广方法很多，用户可以根据自身特点创新，比如有的朋友将二维码制作到自己的名片里，在与他人交换名片的同时完成推广，有的企业在公司招聘、宣传册等活动中打印自己的微信公众号二维码，达到推广的目的。

总之，公众号的推广是仁者见仁智者见智，只要读者一心为用户着想，从用户的角度考虑问题一定能找到让用户感兴趣的方法。

13.7 公众号的认证

随着微信公众帐号的越来越普及，公众帐号的认证成了微信公众帐号必不可少的一步。认证后公众帐号头像图标右下角会有个小V，并且才能进行后续的微支付、微信连 Wi-Fi 等功能的申请等。

登录微信公众帐号

参照 13.3 节完成了对微信公众帐号的注册，在微信登录界面直

接输入帐号、密码，点击“登录”按钮，如图 13.77 所示。

图 13.77　登录微信公众帐号

在微信公众帐号的主界面中，位于界面左侧下方的设置栏下，点击“微信认证”选项，如图 13.78 所示。

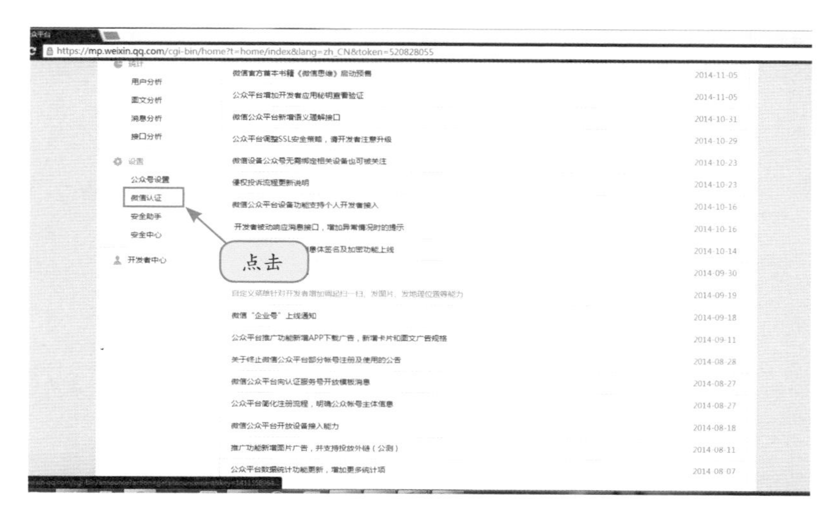

图 13.78　微信公众帐号主界面

然后到微信认证介绍界面，包括对微信公众帐号的认证条件的说明，点击右侧开通按钮，如图 13.79 所示。

图 13.79　微信认证介绍

接下来，按照认证界面提示逐步完成认证和付费即可，这里不再赘述。

第14章 微信产品分析

迄今为止，微信是互联网领域最具有传奇色彩的产品之一，其发展速度超出大多数人的想象。在其成功的背后到底有什么秘密？是什么因素促成了它的成功？本章将为读者揭开微信背后的故事，揭示微信成功的原因。

14.1 微信的逻辑

事物的存在都有其缘由，事物的发展都遵循了一定的规律，那微信的发展到底走了什么样的轨迹？其背后逻辑又是怎样呢？我们就一起来看一看吧。

14.1.1 微信的产品经理

谈到微信的成功发展，不得不提的一个人就是张小龙。他目前是腾讯公司副总裁，负责腾讯公司广州研发部的管理工作，是广州研发部的灵魂人物，同时参与公司重大创新项目的管理和评审工作。

图 14.1 所示即张小龙本人，照片的背景是一个装有 QQ 邮箱标志的漂流瓶。

这幅图也比较形象的表现了张小龙一路走来所获得的成就。15年前他是中国 Top10 的程序员，他的职业生涯从第二代程序员旗手，到领军者，最后成为一名传奇人物，他开发和带领的产品从 Foxmail，到 QQ 邮箱，再到微信，每个产品都被网民奉为经典。

图 14.1 腾讯副总裁张小龙

十多年前张小龙一个人写代码完成了 Foxmail 的前三个版本，并拥有了 200 万的用户。最终 Foxmail 被腾讯收购，张小龙加盟腾讯推出了 QQ 邮箱，获得了极大的成功，然而在张小龙看来，邮箱产品虽然受到了广大网民的好评，但其受众仍然不是生活中的绝大多数。有着能为更大多数人服务宗旨的张小龙，在第二次创业中选择了微信这款产品，因为他相信借助迅速扩大的智能手机终端微信一定能惠及到更多的人。

本节所阐述的产品逻辑主要是参考张小龙对微信产品的定位与思考。

14.1.2 微信的发展逻辑

在微信之前，国内外已经有很多与微信具有相似功能的软件，比如 Kik、WhatsApp Messenger、TalkBox 和米聊等，这些软件的 LOGO，如图 14.2 所示。

图 14.2 常见聊天软件 LOGO

微信早期的产品开发也在很大程度上借鉴了这些软件。

1. 微信的 1.0 版本就是借鉴 Kik 软件的免费短信功能的，虽然微信 1.0 的开发速度很快，从立项到产品发布用了仅仅 2 个月，但是发布后并没有得到用户很大的欢迎，因为这种免费短信的特色在中国不具吸引力，中国的运行商推出各种优惠的短信包基本已经满足了手机用户的需求。

2. 微信 1.2 版本则改变了策略，迅速转向了图片分享，这是基于微信团队认为移动互联网时代应该是一个以图片为主的时代，但是推出后仍然没有较好的反响，证明了用户对手机图片分享的兴趣根本无法构成为一个典型的需求。

3. 微信 2.0 又迅速调转船头，将产品重心完全投入了语音通信工具。作为一种重要指标，新浪微博每分钟出现一条关于微信的搜索结果，确立了微信 2.0 快速流行和传播的基调，从此微信走上了高速发展的快车道。但此时的微信与其他同类产品相比并没有绝对的优势。

4. 微信 3.0 则是教科书式的产品开发案例。当时，微信的竞争对手米聊拥有先发优势，米聊的产品经理甚至预判，微信 3.0 的新功能将是抄袭米聊的涂鸦功能。但是，微信此时已经初步明确了产品方向，没有做涂鸦功能，而是依托用户基础，提供了“查看附近的人”和“视频”功能。“查看附近的人”成为微信的爆发点，从此微信开始使用 QQ 邮箱和腾讯自身资源，进行强推广，用户突破 2000 万人大关，产品日新增用户以数 10 万量级增长，确立了对竞争对手的优势。

5. 随后，微信 4.0 推出“朋友圈”，微信 4.2 推出视频通话，微信 4.5 推出实时对讲，彻底封闭了手机通信工具上的任何其他的可能，一举确立了微信成为移动互联网时代生活方式的产品高度。

6. 微信 5.0 加入了足够多的改变。除了功能和用户体验上的改善，还整合了腾讯多项产品，成为了腾讯移动互联网的总入口。与以前版本不同，5.0 版本在功能上引入了微信支付、表情商店、游戏中心、二维码扫描条形码报价、扫描英文翻译、封面、街景等功能。

7. 微信 6.0 相比 5.0 在功能上、趣味性上有了更好的完善。微信 6.0 对支付功能进行了加强和升级，支付功能更强大，并且支持手势密码，增加了支付的安全性。小视频功能让微信的内容不再单调，把微信带入了动起来的时代。

回顾微信产品的发展历程，其发展逻辑即是善于学习、勇于试错、大胆创新。

14.1.3 简单就是美

大道至简，往往越简单的东西反而是越美的，这是在多个领域被证明了的哲理。形形色色的网络世界源于 0 和 1 这两个简单的数字；

在物理学领域，往往越简单的公式蕴含着更深层的原理。

在产品设计领域简单就是美的例子更是不胜枚举，苹果 iPhone 只有单调的黑色和白色，手机上只有单一的按钮，但该款手机几乎在全球范围内成了时代的符号。

微信产品之所以能够迅速走向成功，其简单的设计思想功不可没，简单成为微信产品负责人张小龙的信条。下面我们从微信产品的体验来具体说明微信产品简单的设计理念。

1. 从“摇一摇”看微信的简单理念

- 摇一摇的功能很简单

打开摇一摇只是摇一下即可找到同时也在摇手机的其他用户，达到陌生人之间的随机配对，不需要做多余的其他动作，这是一个非常简单的功能，但恰恰就是这个简单的功能吸引了大量的用户，没天都有上亿次的摇动在发生。

- 摇一摇的界面非常简单

进入微信的摇一摇，唯一要做的就是摇动一下手机，没有其他按钮，没有其他菜单，没有不相干的扩展功能，也没有对该功能的文字介绍（功能做到很简单了，不需要介绍），如图 14.3 所示。

图 14.3 微信“摇一摇”界面

- 摇一摇的规则很简单

摇一摇提供了陌生人接触的机会，提供了向陌生人打招呼的功能，但是又做到了不骚扰被打招呼的人，这即是一则非常简单的规则。在这一规则下，摇一摇会被用来交友，会被用来做广告。一个简单的规则演化出了一系列丰富的功能。

2. 从漂流瓶看微信的简单理念

- 漂流瓶的功能非常简单

漂流瓶的功能非常的简单，一个人扔一个瓶子，被另一个人捡到，回答后又漂了回来。但是就是这个简单的功能，为广大的用户提供了倾述的空间，满足了接触陌生人的渴望。

- 漂流瓶的界面非常简单

以海边沙滩为背景，下面只设三个图标，“扔一个”、“捡一个”、“我的瓶子”，如图 14.4 所示。只要识字的人都知道这三个图标的作用，即使不识字，看图标的样子也可以知道。

图 14.4 微信“漂流瓶”界面

- 漂流瓶的规则很简单

扔一个瓶子最多可以被 3 个人捡到并作出回复，这是目前微信

漂流瓶的规则，也许是为了弥补扔瓶子的数目少于捡瓶子的数目。但是就是这个一扔一捡的规则满足了交友、广告等各种需求。

3. 从微信主界面看简单理念

- 没有弹出菜单

微信的主界面没有向其他手机软件一样提供任何弹出菜单，只是提供了四个图标:“微信”、“通讯录”、“发现”和“我”，如图14.5所示。用户很容易上手，而且会形成长久的使用习惯。

图 14.5 微信主界面

- 没有换肤功能

微信也没有提供换肤功能，大家界面都一样，颜色都一样。这样可以让简单的界面深入人心，体现了微信团队功能至上的开发理念，也表现了他们对自己产品的信心，凭借功能吸引用户。

14.2 微信与其他产品对比

移动互联网尚处在快速发展的阶段，各大移动互联网巨头竞争激烈，在尘埃落定之前一切皆有可能。腾讯的微信虽然凭借其多方面优势在移动通信软件当中迅速脱颖而出，但并不代表其他竞争产品已无立足之地。

在激烈的市场中一个英雄般产品的出现，往往伴随着许许多多的同类竞争者的衰落甚至陪葬。在微信的发展之路上，其他的众多同类产品逐渐沦为看客，但是不可否认的是，他们也曾有一个独步天下的梦，他们也曾在移动互联网的众多用户中辉煌一时，他们也曾为移动互联网产品的探索做出了巨大的贡献，他们是“米聊”——小米科技、“有你”——盛大、“口信”——奇虎 360，“陌陌”——陌陌科技、“沃友”、“飞聊”、“翼聊”——来自三大电信运营商。

在此我们选择两种目前还在发展但受到微信极大威胁的移动通信产品稍作对比。

14.2.1 微信 VS. 米聊

米聊作为第一个模仿国外同类产品的软件，由小米公司设计开发，刚刚发布不久就受到不少网民的追捧，其与微信之间的竞争也被称作互联网产品的经典案例，与当年 MSN 与 QQ 的竞争有一定的相似之处。本小节将从多方面对微信和米聊作对比，图 14.6 所示为米聊的官方网页。

图 14.6　米聊官网

图 14.7 所示为米聊“加人”和“通讯录”功能的使用界面。

图 14.7　米聊软件界面 1

图 14.8 所示为米聊“对话”和“广播”功能的使用界面。

图 14.8　米聊软件界面 2

图 14.9 所示为米聊“我”功能的使用界面。

图 14.9 米聊软件界面 3

1. 产品发展战略对比

微信与米聊的竞争主要可以概括为两个阶段。

- 第一阶段米聊领先，微信紧随其后。

米聊于 2010 年 12 月推出，比微信早了一个月，其前期的发展也要比微信好一些，功能相对更多，具备先发优势。微信虽然推出较晚，但是借助 QQ 庞大用户基数的助力，以及更加流畅快速的使用体验，也给米聊造成了一定的威胁。

- 第二阶段微信奇兵突袭确定领先。

在微信 3.0 推出前，米聊一直处于比较领先的地位，此时的微信也基本与米聊有着相同的功能，微信的快速发展主要是靠腾讯的另一个产品 QQ 巨量用户的支持。微信 3.0 推出之前很多人都认为微信会实现其没有的“涂鸦”功能，因为米聊靠涂鸦功能确实吸引了不少的用户。

但是最终微信 3.0 推出后，其主打的是“附近的人”，该功能主打陌生人社交，其吸引力远大于米聊的涂鸦功能，从此，微信走上了高速发展的轨道，拉开了米聊等其他产品与其的距离，确立了其领先的地位。微信 5.0 版本新功能的升级使微信更具吸引力。

2. 产品功能对比

本小节从以下几个方面来对比微信和米聊。

- 注册 / 登录

微信的注册支持：微信号、**手机号**、邮箱、**QQ 号**。

米聊的注册支持：米聊号，**手机号**、邮箱、**新浪微博帐号**。

上面列表中的加粗字体表示软件支持相应的帐号直接授权登录。

分析：

✓ 微信号支持 QQ 帐号具有天然的优势，对于大多数网民来说，每人都有一个 QQ 号码，QQ 帐号直接登录微信，不仅免去了微信帐号注册的繁锁过程，而且 QQ/ 微信两款产品只需使用一个帐号，免去了特意记忆新帐号和密码的困扰。这种贴心的产品服务让更多的网络用户转身成为腾讯的忠实粉丝。

如图 14.10 所示为微信的注册 / 登录界面。

图 14.10 微信注册 / 登录界面

米聊则接通了新浪微博，用户可以用新浪微博的帐号直接登录，不过微博用户显然不如 QQ 用户多。如图 14.11 所示是米聊的注册界面。

图 14.11　米聊注册界面

✓ 米聊号是用户注册后系统自动分配的数字串，这些数字不太容易被用户所记忆，显得不那么友好。相比之下，微信号可以是字母或者数字的灵活形式。

- 交友圈

米聊刚开始主打的是熟人交友社区，而微信则通吃熟人交友和陌生人交友。

- 用户差异

微信可以吸引很多人注册，而米聊的主要注册用户则集中在米粉、互联网、IT 界的人士。

- 推广力度

腾讯通过在新闻、QQ 邮箱、微博等各种渠道大力推广自己的微

信，而米聊推广力度较小，靠口碑相传更多一些。

- 导入联系人

作为一款通信软件导入联系人是非常重要的，微信目前支持的是导入手机通讯录以及 QQ 好友。而米聊则支持手机联系人、新浪微博好友、人人网好友，相比之下米聊比微信更开放一些。

微信和米聊添加好友的界面对比，如图 14.12 所示。

图 14.12　微信和米聊添加好友界面

- 界面

微信遵循简单就是美的原则，界面简洁实用，不过与米聊相比却又不够洋气，在界面层次上，略显单调。

米聊主要是蓝色的背景色在加上小米特有的米黄色，色彩相对丰富，微信则采用朴素的绿色，能给人清新的感觉。不过，绿色在不同的手机上会有一定的色差，这也许会影响到色彩呈现的效果。

- 好友推荐（你可能认识）

这是米聊所具有的特色功能，该功能会根据用户的学校、公司、家乡等信息推荐可能认识的人给用户，类似于人人网的推荐好友功能。

不过该功能在最初的服务目标不是很明确，推荐给用户比较近的陌生人，并没有引起用户多大的兴趣，不构成一个有效吸引用户的功能。而且有时甚至还会带给用户一些不便，比如只与用户有一次通话记录的陌生号码，也会被米聊搜索到推荐给用户。

图 14.13　米聊“找朋友”界面

在改进后这部分功能主要用来向用户推荐一些公共帐号，如图 14.13 所示。

总体来说，微信、米聊各有所长，都是比较成功的手机应用，都能满足用户不同的、差异化的需求。

14.2.2　微信 VS. 陌陌

“陌陌”是北京陌陌科技有限公司于 2011 年 8 月起推出的一款基于地理位置的移动社交产品。陌陌产品定位专注，主打陌生人交友，其距离定位误差更小，距离信息更可靠。

如图 14.14 所示为陌陌的官方网站页面。

图 14.14　陌陌官网

陌陌推出后也表现了不俗的人气增长，其注册用户数在一年的时间里增长到了 1000 万，日活跃用户 220 多万，周活跃用户接近 500 万，每天发送的信息量超过 4000 万条。

图 14.15 是陌陌分别在“附近”、“留言板”、“设置”功能下的使用界面。

图 14.15　陌陌软件界面

陌陌专注于基于位置服务的交友——附近的陌生人交友。陌陌与微信“附近的人”有以下几个方面的不同。

1. 定位精度不同

微信只提供附近人的大概位置，而陌陌提供的距离可以精确到米，图 14.16 所示为微信和陌陌定位功能展示。

图 14.16 微信和陌陌定位功能展示

2. 产品定位不同

产品定位不同也是位置精确度不同的主要原因，在微信的开发团队看来，距离是个人的隐私，即使是附近的人也需要保持一定的隐私。如果用户只是想简单聊天一下，则不便将自己的隐私过多的暴露给对方。

- 微信的定位是附近有限制地交流，因为不同的人选择与附近的人聊天的目的不同，有的人只是想要简单聊天而已，而有的人则希望能将线上的陌生人转化为线下的熟人关系。对于不想深化交友的用户，位置显然不是很方便透露。
- 陌陌的定位是能将线上的关系有效的转化为线下的关系，在交往初就需要相对坦诚的面对，这样才能顺利转化，适当地提供更多的信息更有助于这一转化。

3. 陌陌更注重群组

这里的群组主要是基于地理位置的群组，该功能的主要目的是能将附近的具有共同话题或者共同爱好的陌生人组织起来，提高人们生活的趣味，并且陌陌对群组添加了非常严格的管理机制，对于群组内不活跃的用户将会移除，确保最终呈现的是真正有价值的群组，并对个人的实际生活产生价值。

图 14.17 所示为通过陌陌找到的附近的群组。

图 14.17 陌陌“附近的群组”功能

第15章 微信交友技巧与安全

经过前面几章的介绍，相信读者已经能够非常熟练地操作微信了。作为全书的最后一章，本章将再给读者提供一些陌生人交友时需要用到的技巧，以及交友中必须谨记的安全问题。

15.1 微信交友的6个技巧

微信可以是亲戚朋友之间的联系工具，也可以为陌生人的交流搭起一座桥梁。下面给大家介绍微信交友常用的6个技巧，让您快速变身移动网络上的交际达人。

1. 设置一个满意的头像

头像是给对方的第一印象，所以非常重要。头像里可以透露出很多的个人信息，比如年龄、外貌、身份、喜好等。一张景点的照片也许会让人知道你很爱旅游、一张正在运动的照片会给人很阳光的感觉、一张拿着单反相机给荷花拍照的照片会告诉别人你很爱摄影。

下面来一起欣赏几个各具特色的微信头像吧。

该头像展示了用户自己在海边玩耍的情景，给人唯美的意境，同时从远景拍摄又不至于暴露自己的脸部，给人美感的同时又保护了自己，是一幅很好的头像。

该同学将自己的头像设置为穿学士服时的照片，根据此头像，其他用户既可以判断出她是一名刚刚毕业的大学生，并且根据她所穿学士服垂布（衣领）的颜色可以判断她所学专业是文科专业。

这张头像中是一位运动达人，全身齐备的装扮向朋友们宣示了自己的骑行爱好，同时也展示了自己的生机与活力。“爱运动！爱生活！爱骑行！”

这张海边唯美的风景头像，告诉我们头像的主人可能正在某个风景迷人海滩旅游度假，或者期待着某一天能够去这样美丽的地方领略明媚的阳光、柔软的沙滩、碧蓝的海水，还有那爽歪歪的椰风。

这张头像是一张刚刚开放、清新脱俗的荷花。“出淤泥而不染，濯清涟而不妖”，主人定是欣赏这种高洁的品格的，亦是怜爱这般模样。

总之，头像的设置要结合自身的情况，遵循简单、美丽、稍有个性的原则。

2. 设置个性签名

个性签名是另一个可以传递信息的窗口。通过“摇一摇”或者“漂流瓶”等途径被其他人看到时，个性签名是除了头像之外你唯一的传递信息的机会。如果想要提高被打招呼的几率，不妨将自己的个性签名设置成一个问句，这样更能吸引对方注意到并回答自己的问题。

图 15.1 所示为某微信用户的个性签名，她采用问句的形式，这样更容易引起其他人的关注。

3. 打招呼

打招呼也是有一定的技巧的，大多数人，对于漫无目的的打招呼都是不感兴趣的。打招呼时如果只是简单的说“你好”或者“hi”之类的话，一般会被忽略。所以打招呼时最好是能有个话题，比如对于通过附近的人找到的陌生人，打招呼时可以说“请问附近有没有便利店？”，这类问句收到回复的几率就大一些。就有可能由陌生人添加为好友。图 15.2 展示了该方法的运用。

图 15.1　个性签名示例

图 15.2　打招呼示例

4. 语音时要注意

如果聊天采用语音对讲功能，则说话时要注意自己的语速，不要太快。吐字要清晰，这样不仅能给对方留下很好的印象，而且还可以提高沟通的准确率。同时讲话时，嘴巴距离手机话筒不要太近，免得会产生破音，当然太远的话，声音会比较小，也不可取。

5. 不要涉及隐私太多

在刚刚开始的聊天中不要太多的询问对方的隐私，这是不礼貌的表现。网络上对于过分询问对方隐私的表现叫做“查户口”，这容易让他人产生厌恶心理。

如图 15.3 所示，一位微信玩家一味地追问别人涉及个人隐私的问题，这样显得不是很礼貌，这样不会有很好聊天效果。

图 15.3 聊天不要涉及太多隐私

6. 话题技巧

与陌生人交流话题是个非常重要的，刚刚开始玩微信的人可能与对方讲几句话就不知道该说什么了，请看下面一段对话：

A：你好！很高兴认识你。

B：恩，你好！

A：你吃饭了吗？（提出一个话题）

B：吃了。

A：你在干什么呢？（又提出一个话题）

B：玩手机。

A：你那边天气好吗？（又提出一个话题）

B：还可以

A：你最近忙吗？（又提出一个话题）

B：还好。

A：……（没话题可讲了，因为实在想不出其他话题来了）

很显然这个对话显得比较枯燥无味，A在不停地找话题，可是当自己突然找不到话题时就不知道该要聊什么了。这不是我们推荐的方法。

我们推荐聊天时应该采取“纵向话题法”，这也是许多公司招聘或者公务员考试的面试环节时面试官经常采用的方法。在纵向话题法里，新的话题往往是由刚刚陈述完的话题引出，这样每句话聊天都能够引出新的话题，保证聊天能持续地进行下去。请看下面的例子：

A：你吃饭了吗？（提出一个话题）

B：吃了啊。

A：吃的什么啊？（吃饭 引发）

B：牛肉面啊。

A：你自己做的吗？（牛肉面 引发）

B：我不会做饭也，买的啊。

A：你都不会做饭嘛，一个女孩子，连饭都不会做，看你怎么嫁的出去（不会做饭引出嫁人的话题）

B：不想做，以前都是妈妈做的。（又 引出 妈妈）

A：以前是以前嘛，现在是现在，你已经长大了啊，女孩子要学会做饭的 你当人家老婆不做饭的吗？

B：我还没想好嫁人呢……

A：你妈妈很疼你吧？（如果接不下去这个话题，可以返回刚刚的话题，妈妈）

B：我妈妈很疼我的啊，我是最小的嘛，当然疼我了。

A：你是最小的？你还有兄弟姐妹？

B：我姐姐啊 BLABLABLAL……

A：你现在还没想过要嫁给什么样的人吗？（此处又不知该如何接话题，于是重新刚刚提高过的话题）

B：还没想好呢 BLABLABLAL……

A：那你的标准是什么呢？（由关键词“没想好”引发）

……

……

从该实例可以看出，只要对对方的话稍作联想就可以引出很多的话题展开对话，这样不仅能保证对话不中断，而且所引出的话题都是关联性的，保证了谈话的有趣性。

15.2 微信交友注意安全

微信作为一款已经得到广泛使用的移动聊天工具，已经深入到了我们的生活当中，给我们的生活增添了很多的便利和欢乐。不过，在使用微信的时候，我们也需要注意很多安全问题，避免自己的权益受到侵害。

微信里“漂流瓶”、“摇一摇”、“查找附近的人”等功能在为广大网民提供交流的便利的同时也为不法分子提供了可乘之机，许多犯罪分子通过微信骗财骗色，给受害人带来了巨大的财产和精神损失。

15.2.1 微信交友安全 4 件事

1. 不要轻易谈及帐号、密码及财产问题

- 及时将自己的微信与手机号码、邮箱等绑定，防止丢失帐号的密码。
- 不要轻易打开聊天中别人发送的连接，防止病毒传播。
- 不要在非官方网站或者是不信任的网站上输入微信的密码，防止密码泄露。

- 在使用微信与好友聊天的过程中，如果聊天内容涉及财产安全信息，如“网银”、“转帐”、“密码”等，不要轻易相信，一定要通过语音和视频先核实好友身份，确保聊天信息的真实安全和财产不受损失。比如好友发来“XXX 我的网银余额不足了，能帮我付一下吗？”，此时一定要亲自通过电话等信息确认，严防诈骗。

2. 不要轻易向陌生人透露自己的个人信息，合理设置软件的隐私

- 使用了微信“附近的人”功能后，如果不想被打扰可以在“附近的人”界面点击扩展按钮 ••• ，并选择“清除位置并退出”，这样就不会暴露自己的位置信息，如图 15.4 所示。

图 15.4 及时清除自己的位置信息

- 在隐私设置里可以关闭“通过手机号搜索到我”，关闭“允许陌生人查看十张照片”，点选“加我为朋友时需要验证”。关于隐私部分的设置，在本书 4.5 节中已经详细介绍过，读者可以参考。

3. 好友交往时需要提高警惕，注意保护自己

- 加好友时注意筛选，对于没有头像、没有相册、没有个人签名的用户不要添加，对于虚假头像，冒充的头像要慎重考虑，严加防范。对如图 15.5 所示的某微信用户则可以选择不添加。
- 理性交友，不要轻易相信陌生网友并与之见面，约见"网友"时要保持足够警惕，不要被对方的言语轻易蒙蔽，要摸清对方真实情况，确认无误，才能真正相信对方。为了安全起见，约见地点应选择公共场所，并有亲友相伴随行，相互有个照应。攀谈中，应避免泄露个人或家庭的财产状况，切忌炫富。

4. 如果发现不法分子一定要举报

对于行为恶劣的用户要举报，如传播色情、暴力、辱骂、诈骗等信息的用户要及时举报，微信团队核实后将对其进行处理，情节严重的将被永久封号。

在通讯录黑名单中点击相应的用户，则可进入如图 15.6 所示的界面，点击"举报"按钮可以完成举报。

图 15.5 添加朋友时要注意查看对方信息

图 15.6 举报微信用户

15.2.2 微信诈骗案例

微信诈骗案虽然不是常有发生但已经足以对微信用户起到警示作用，下面介绍一则关于微信诈骗的案例，希望广大微信玩家提高警惕，在畅享微信乐趣的同时，注意交友安全，让微信真正给您的生活带来愉快。

法制网讯福州 2013 年 8 月 30 日电（记者吴亚东 通讯员 融法）——微信“摇一摇”，竟被骗去巨款 172 万元。今天下午，福建福清市人民法院一审宣判了这起诈骗案件，被告人何某因犯诈骗罪，被判处有期徒刑 11 年，并处罚金 5 万元。

2012 年 6、7 月份期间，被告人何某与被害人吴某通过手机微信结识。2012 年 8 月，被告人何某又申请了“shuojitia5838”微信号，用该微信号加被害人吴某使用的微信号为好友，以“陈某琴”的身份与被害人吴某聊天，并谎称自己是上海人，嫁到福州。在逐渐取得被害人吴某龙的信任之后，被告人何某又以“陈某琴”的身份谎称自己受到丈夫殴打、虐待，被其丈夫雇佣的打手和保姆关押、囚禁，并编造了“逃走需要贿赂保姆、打手”、“想请律师解决家庭暴力问题，需要律师费”等理由多次向被害人吴某索要钱财。

被害人吴某信以为真，自 2012 年 8 月 25 日至 11 月 15 日，共 18 次向被告人何某提供的两个银行帐户内汇入人民币计 172 万元。被告人何某将被害人吴某所汇钱款大部分通过银行转帐转移到其本人及其妹妹的银行帐户内，其余款项通过柜台转支、现金支取方式转移。截至 2012 年 12 月 12 日，被告人何某帐户内余额有人民币 143.54 万元、其妹妹帐户内有余额人民币 15 万元，均已由公安机关依法冻结。

今年 7 月，被告人何某与被害人吴某达成协议，约定何某自愿偿还吴某人民币 13.45 万元，并配合相关部门办理被冻结款人民币 1585472 元解冻返还吴某，吴某龙表示谅解，请求法院对被告人从轻处罚。

法院认为，被告人何某以非法占有为目的，虚构事实、隐瞒真相，骗取他人财物，金额达人民币 172 万元，数额特别巨大，其行为已构成诈骗罪。被告人到案后能够供述自己罪行，认罪态度较好，大部分违法所得已被公安机关冻结，自动退还被害人余下违法所得，取得被害人谅解，并自愿缴纳罚金，依法予以从轻处罚。一审判决被告人何某犯诈骗罪，判处有期徒刑 11 年，并处罚金人民币 5 万元；冻结在案的被告人何某及其妹妹名下的银行存款 158.54 万元，予以划拨退还被害人吴某。

相信只要我们提高警惕，不轻信、不贪心，必将使不法分子无机可乘！